JN100072

 今すぐ 使える かんたん

# RPA
# ロボパット
# DX

技術評論社

# 本書の使い方

● 画面の手順解説だけを読めば、操作できるようになる！
● もっと詳しく知りたい人は、補足説明を読んで納得！
● これだけは覚えておきたい機能を厳選して紹介！

---

### 特　長　1

機能ごとに
まとまっているので、
「やりたいこと」が
すぐに見つかる！

---

## LESSON 2-1 ごみ箱を空にする

ここでは「ごみ箱を空にする」3つの方法方法を挙げながら、ロボパットDXの基本の使い方とスクリプトのつ　　　　確認しましょう。

**❶ごみ箱を「ダブルクリック」と「クリック」で空にする**

「ごみ箱を空にする」という例題で、画像認識と基本的なロボットのつくり方を確認しましょう。皆さんは、普段どうやってパソコンのごみ箱を空にしていますか？　かんたんな操作であっても、人によって操作が異なることは多くあります。ロボパットDXは、その人が知っている方法でロボットをつくることができるので、自動化するときにはまず、普段どういう手順で操作しているのかを確認してロボットをつくりましょう。
まず、1番かんたんなロボパットDXの操作でごみ箱を空にします。
画像認識を使ってスクリプトをつくりましょう。

**🖥 手作業での操作**

1. <ごみ箱>をダブルクリックして開く
　　　箱>をダブルクリックします

```
1 ダブルクリックする
```

　　　を空にする
　　　を空にする>をクリックします

```
1 クリックする
```

3. <はい>をクリックする
　　　<はい>をクリックします（❶）。

```
クリックする
```

---

### ● 基本操作

赤い矢印の部分だけを読んで、
パソコンを操作すれば、
難しいことはわからなくても、
あっという間に操作できる！

---

基礎的なスクリプト

40

2

特 長 **2**

やわらかい上質な紙を
使っているので、
開いたら閉じにくい！

手作業の操作手順通りにそのままコマンドを登録します。CHAPTER1 LESSON 1-2の「①画像をキャプチャする」
(P.29)や「③画像キャプチャのコツを知る」(P.32) も参照してください。

## ロボパットDXでの操作

**1 ごみ箱をダブルクリックする**

まずは手作業での操作と同様に、ごみ箱をダブルクリックするためのコマンドをつくります。

1.キャプチャしたい画面を
あらかじめ表示させる
ロボパットDXの操作の前に、キャプチャ
したい画面を表示させます(①)。

**1 表示させる**

特 長 **3**

大きな操作画面で
該当箇所を囲んでいるので
よくわかる！

2.<マウス>の<ダブルクリック>を
クリックする
<マウス>をクリックし(①)、<ダブ
ルクリック>をクリックします(②)。

3.暗くなるまで待つ
約1秒ほど、暗くなるまで待ちます。

● 補足説明

操作の補足的な内容を配置しているので、
よくわからないときに活用すると、疑問が解決！

**POINT**　　　　　**補足**

**POINT** 必ず暗くなるまで待つ
キャプチャ画面になるまでは、画面の変化な
どを避けるため操作せずに待ってください。
P.30「POINT　画面が暗くなるまで操作し
ない」を参照してください。

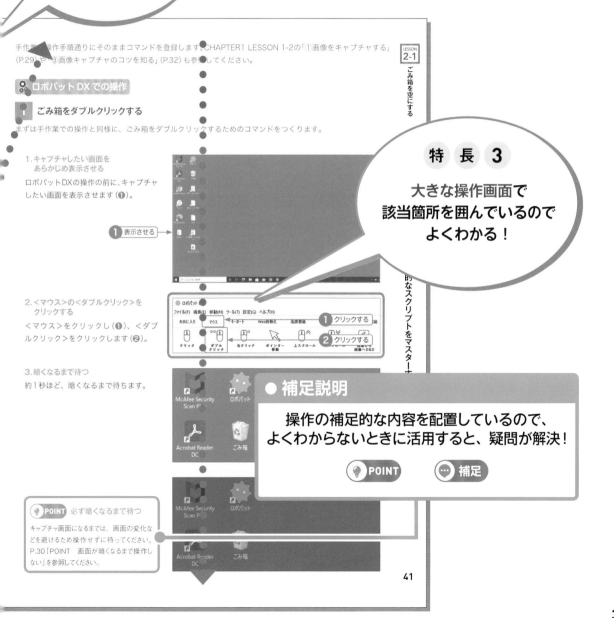

41

# 目次

## プロローグ

## CHAPTER 1 RPAロボパットDXの基本を知る

CHAPTER
2

# 基礎的なスクリプトをマスターする

# 目次

Contents

# CHAPTER 5　繰り返しや条件分岐でさらに自動化させる

# CHAPTER 6　エラーに対処する

# RPAとは

業務効率化の手法として話題になることの多いRPAですが、まずは、RPAとはどのようなツールで、導入することによってどのような効果が期待できるのかを解説します。

 **❶事務作業を自動化して業務効率を上げる「RPA」**

近年、企業の業務を大幅に効率化させるツールとして「RPA」に注目が集まっています。RPAは「Robotic Process Automation」の略で、パソコンなどを用いて行う一連の事務作業を自動化するソフトウェアの総称です。名前に「ロボティック」という単語が含まれていることからもわかるように、人間が行っている事務作業をロボットにかわってもらう、というのがRPAのコンセプトです。ここでいうロボットとは、機械で動く物理的なロボットではなく、パソコン上で動作するソフトウェアロボットのことです。人間がパソコン上でマウスやキーボードなどを用いて行っている作業をソフトウェアで作られたロボットが代行してくれるわけです。

オフィスで行うさまざまな事務作業の中には、同じような作業を定期的に繰り返す性質のものが少なくありません。たとえばメールに添付して送られてきた前日の業務記録を指定のフォルダにまとめて保存したり、発注書の内容をシステムに入力したり、競業他社の製品価格をWebサイトで調べてエクセルのシートに一覧にしたり、といった作業です。

これらの作業は独自に専用のプログラムを書いて自動化するのにはあまり向いていません。プログラムによる自動化もできないわけではないのですが、専門的なプログラミングの知識が必要なため開発には高いコストがかかります。作業の内容が変わった際に、その変更がたとえ小さなものだったとしても、手元ですぐに改修できないという問題もあります。

それに対してRPAは、人間が行う操作の手順を登録しておくことで、その手順通りにアプリケーションを操作して作業を実施してくれます。たとえば「朝8時になったらメールソフトを開いて、特定の件名の新着メールを確認し、添付ファイルを指定のフォルダに保存する」というような一連の処理を行うRPAのロボットを作成しておけば、人間にかわって毎朝8時にその作業を実行してくれるという具合です。

「これまで人間が行っていた作業をかわりに行う」という点に主眼が置かれているため、既存のシステムを改修したり、業務フローを大きく変更したりすることなく導入できる点がRPAの大きな強みです。

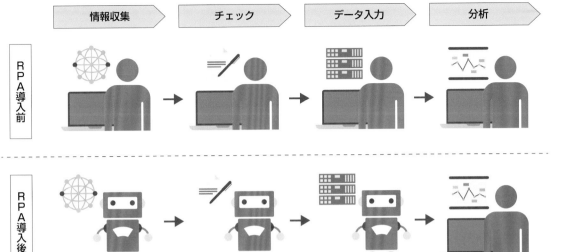

 ❷ RPAツールの種類

RPAのためのソフトウェアはさまざまなものがありますが、基本的には大きく以下の3つの種類に分けることができます。

### 🖥 デスクトップ型

ロボットがパソコン内で動作するタイプのRPAツールです。導入や操作がかんたんなため手軽に始めることができ、コストも低く抑えられる点がデスクトップ型の強みです。その一方で、ロボットの管理が属人的になりやすいことや、パソコンの性能が低いと処理スピードが出ないといったデメリットがあります。

### 🖥 サーバー型

ロボットがサーバー内で動作するタイプのRPAツールです。すべてのロボットを一括管理できることや、セキュリティ面での対策が行いやすいこと、処理スピードが速いことなどが大きな強みです。その反面、ロボット作成の難易度が高いことや、コストが高くなりがちといった特徴もあります。

### 🖥 クラウド型

サーバー型に似ていますが、ロボットがクラウド上のサービスとして動作するのがクラウド型RPAです。自社にサーバーを構築する必要がなく、利用状況に応じた使用料を支払えばよいため、小規模から導入し始められるのがクラウド型のメリットです。ただし、業務データを社外のサーバーに置くことになるため、情報の秘匿性をどのように担保するのかが課題になります。また、そのしくみ上、操作できる対象アプリケーションは限定されます。

# なぜRPAが必要か

これまで人の手で行ってきた作業に対して、なぜRPAによる自動化を導入する必要があるのでしょうか。ここでは、そのおもな理由を解説します。

## ❶労働人口減少への備え

近年、多くの企業が直面している問題の1つに人手不足があります。少子高齢化が進行し、日本の生産年齢人口（生産活動における中核の労働力となる、15歳以上65歳未満の人口）は年々減少しています。総務省の調査によると、ピークの1995年には約8,700万人であった生産年齢人口は、2020年現在では約7,500万人まで減少しており、現状のまま進めば今後10年以内に7,000万人を下回る見込みになっています。この減少ペースは総人口の減少ペースを上回っています。

**我が国の人口の推移（平成29年版 情報通信白書より）**

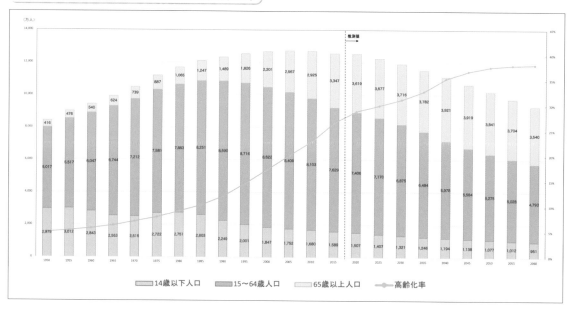

このことは、企業にとって人材確保がますます困難になることを意味しています。このような状況の中で生産性を維持し、ビジネス市場における競争力を高めていくためには、人手不足を補う抜本的なしくみが必要です。

従来、人手不足を補う施策としては、海外へのオフショアによる業務のアウトソースが推奨されてきました。しかし近年では、おもなオフショア拠点とされてきたアジア諸国の経済発展などによって人件費が高騰しており、コスト面での折り合いがつかなくなりつつあります。

このような状況で、人手不足の問題を解消するソリューションとして期待されているのがRPAです。これまで人間が行ってきた事務作業をロボットを使って自動化することで、労働力の不足を補うことができるからです。

 **❷働き方改革の実現**

前述の生産年齢人口の減少への対策として、政府では「働き方改革」の実施を推奨しています。働き方改革を実現するためには、おもに以下の3つの課題があります。

・長時間労働の解消
・非正規社員と正規社員の格差の是正
・女性や高齢者の就労促進

このうち、特にRPAの効果を期待できるのは長時間労働の解消です。事務作業の一部をRPAソフトウェアに任せることができれば、その分人間はほかの作業に集中することができます。結果として、無駄な残業を減らすことにつながります。

また、RPAを導入すれば未経験者でも効率よくかつ正確に作業ができるというメリットもあります。自動化とはいっても、人間の作業と組み合わせて行うような業務も多々あります。RPAの強みとして、人間との共同作業がやりやすいという点も挙げられます。RPAの導入によって未経験者が関わることができる範囲を広げることで、新しい労働力を確保することにもつながるわけです。

 **❸国際社会における競争力向上**

グローバル化が進んでいる近年では、日本だけでなく、海外の市場においても競争力を持つことは極めて重要です。そのためには労働者1人あたりの労働生産性を上げていくことが不可欠といえます。

ところが、現状では日本の労働生産性水準は欧米諸国に比べて決して高いとはいえず、とくにアメリカなどの主要先進国には大きく水をあけられています。労働生産性を上げるためには、反復作業に代表される付加価値の低い業務をいかに効率よく行うかが重要です。RPAを導入することでそのような作業をロボットに代行させられれば、労働者1人あたりの生産性の向上につなげることができます。

現在のところ、業務効率化に対する意識が高い欧米諸国では、RPAの導入に関しても日本より進んでいます。しかし海外の事例があるということは、見方を変えればRPAの導入を成功に導く確率が高まっているという意味でもあります。国際社会に追いついていくために、日本でもRPAを積極的に導入する必要があるといえるでしょう。

# RPAが活かされる分野・業務

RPAは決して万能ではなく、導入して高い効果が期待できる分野と、導入が適切ではない分野が存在します。ここではRPAがどのような分野に適しているのか／適していないのかを解説します。

## ❶ RPAの長所と短所

まず、RPAの長所と短所について考えてみましょう。下の表は、RPAの代表的な長所と短所をまとめたものです。

RPAの長所と短所

| RPAの長所 | RPAの短所 |
|---|---|
| ・正確に作業できる<br>・作業スピードが速い<br>・疲れない<br>・単調な作業の繰り返しでも精度が落ちない<br>・深夜などでも時間を気にせずに作業を実施できる | ・あらかじめ決められた作業しかできない<br>・臨機応変な対応ができないため、アクシデントに弱い<br>・条件によって対処が異なるような作業は、覚えさせるタスクが複雑になりやすい |

上記の特徴を踏まえれば、RPAを導入して効果が得られやすい業務と、逆にあまり効果を期待できない業務が見えてきます。

## ❷ RPAが得意とする業務

RPAを導入して効果が得られやすいのは、複雑な判断が必要ない、定型化された業務です。RPAはロボットに組み込まれた手順の通りに作業を実施します。そのため手順さえきちんと決められていれば、何度でも繰り返し正確に作業を遂行することができます。作業に条件分岐があるような場合でも、その条件が明確に設定されているのであれば問題ありません。

一般的には、次のような業務はRPAによる自動化で効果が得られやすいものといわれています。

・会計システムへのデータの取り込み
・経費支払チェック
・請求書発行業務
・アンケートデータの入力や集計
・Googleアナリティクス分析とレポート作成
・パソコンやスマートフォンの初期設定
・勤怠管理システム上での勤怠状況のチェック
・営業リストの取りまとめ

・営業の実績集計とレポート作成
・Webサイトからの情報収集

RPA の得意分野

入力・集計をはじめとした「繰り返し」に重きを置く作業

同じ作業の繰り返し

手順の組み込まれたロボット

## ❸ RPA の導入が適切ではない業務

一方で、RPAでの自動化が難しい業務や、RPAを導入してもあまり効果が期待できない業務はどんなものでしょうか。これは前述の得意とする業務とは反対に、手順が明確にルール化されておらず、人間が感覚的に判断を下しているような業務です。

たとえば、「複数の写真の中から夏っぽいものだけを選ぶ」というような作業があったとします。この場合、「夏っぽい」とはどういうものを指すのかを明確にルール化できなければ、RPAで自動化することはできません。同様に、「メールを送信する際、相手の性格に応じて文体を変える」というような判断も、明確なルール化が難しいためRPAには向きません。

また、RPAはパソコン上で動作するツールなので、工程にパソコンだけで完結できないアナログな作業が含まれるような業務は、RPAだけでは完結できないという問題もあります。もしそのような業務を完全に自動化したい場合には、アナログな作業をデジタルな代替手段に置き換えるなど、別のソリューションとの組み合わせが必要です。

RPA の苦手分野

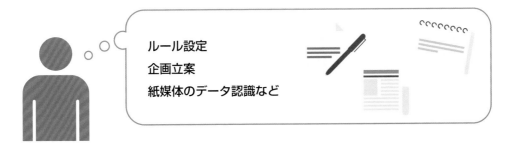

ルール設定
企画立案
紙媒体のデータ認識など

## ❹ RPA に適した業務を洗い出すことが重要

このように、RPAには得意な業務と苦手な業務がはっきりと分かれています。RPAを導入する際には、自社で自動化したい業務を洗い出し、その業務がRPAに適しているのかどうかを確認することが重要です。

# RPA導入のメリットと よくある課題

RPAを導入することで期待できる効果について説明した上で、実際に導入する際にはどのような課題が発生しやすいのかを取り上げます。

 ❶ RPAを導入して期待できる効果

RPAを適切に導入すれば、次のような効果を期待することができます。

### ■ 単純作業を削減し、付加価値の高い作業に集中できる

人間による判断が必要ない単純作業はRPAの得意分野です。時間を浪費しやすい単純な繰り返し作業をロボットに任せてしまえば、その分人間はより付加価値の高い作業に集中することができます。同じ時間でより多くの業務をこなせるようになるだけでなく、無用な残業を減らせるため人件費の削減にもつながります。

### ■ 人為的な作業ミスを防止できる

どれだけ気をつけていても、人間はミスをするものです。たとえ単純な作業でも、作業量が増えればその分だけミスも発生しやすくなります。その点、ロボットは決められたルールに従って機械的に作業を進めるだけなので、どれだけ作業量が多くなったとしても、どれだけ作業時間が長くなったとしても、人間のような単純ミスを犯すことはありません。RPAの導入は業務品質の向上にもつながるのです。

### ■ 時間を気にせずに稼働させられる

人間の1日の労働時間は決まっていますが、ロボットであれば24時間365日いつでも稼働させることができます。長時間連続で作業しても疲れることはなく、疲労による集中力の低下も起こりません。作業開始の条件を組み込んでおけば、人間が指示を出さなくても自動でロボットが起動して作業を始めてくれるので、夜中のうちに完了しておきたい業務などにも対応できます。RPAを活用すれば、スケジュールを最適化して業務の効率を大幅に向上させることができます。

### ■ 生産性向上の視点が身につく

RPAの導入の際には、それまで日常的に行っていた業務の内容を整理し、それを自動化するためのロボットを作成することになります。これは、現場の担当者が改めて業務プロセスを見直し、その作業効率について考えることにつながります。ロボットをどのように活用するのかについても検討も必要なため、生産性向上のための視点を身につける絶好の機会となります。

RPA の効果

単純作業の削減

ミスの防止

無制限の稼働時間

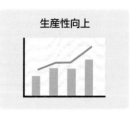
生産性向上

 **❷ RPA導入におけるよくある課題**

このようにRPAは非常に大きな可能性を持ったツールですが、ただなんとなく使ってみたというだけでは決して期待通りの効果を得ることはできません。ここでは、RPAを導入する際に陥りがちな状況をいくつか取り上げてみます。

### ☐ 業務部門がうまく使いこなせない

せっかくRPAを導入しても、実際に業務を行っている現場の担当者がRPAツールを使いこなすことができなければ意味がありません。使いこなせないおもな原因としては、導入したRPAツールが現場担当者のITへの習熟度に合っていないケースや、業務で必要としている機能にツール側が対応していないケースなどが挙げられます。現場の声を真摯に聞かず、トップダウンでRPAの導入を進めてしまった場合に起こりがちな状況です。

### ☐ ロボットの作成や管理を情報システム部門に丸投げ

ロボットの作成を情報システム部門が担当するケースはよくあります。その場合に陥りがちなのが、RPAの運用に関するすべての作業を情報システム部門に丸投げしてしまい、業務部門ではただロボットを使うだけという状況です。これだと、業務プロセスに変更があった場合にいちいち情報システム部門に対してロボットの作成や修正を依頼しなければならず、修正を待っている間業務が止まってしまいます。ロボットを作成する人に対して作業手順を説明するのも大変です。業務についていちばんよく把握しているのは業務部門の担当者なので、RPAの活用についても業務部門が主導できる体制を整えることが重要です。

### ☐ 作業内容がブラックボックス化する

1つの業務に対して一度ロボットができてしまえば、あとは自動で業務が完了するため、実際の業務プロセスに関する知識がない人にも運用することができます。最初にロボットの作成に携わった担当者が在籍している間は問題ありませんが、その人が退職したり、部署異動になったりした場合に、その業務の作業内容がブラックボックスになってしまう危険があります。ロボットによる自動化に成功したからといって、業務プロセスに関する情報共有を怠ってはいけません。

RPA の課題

使いこなせない

業務体制の不備

ブラックボックス化

# prologue 5 RPAロボパットDXが役に立つ理由

ここでは、実際にRPAを導入する際にどんなことに気を付けるべきなのかを取り上げます。そして、その上でロボパットDXのどのような部分が業務効率化に役立つのかを解説します。

 **❶ RPA導入時に留意しておくべきポイント**

RPAの導入は、ただやみくもにRPAツールを使い始めればよいというものではありません。事前に準備が必要な項目を洗い出して計画的に進めることが、RPAの導入を成功に導く鍵となります。RPA導入時に留意しておくべき代表的な項目を以下に挙げます。

・現状の課題や導入の目的を明確にする
・改善したい業務に対して優先順位をつける
・どの部署がRPAツールやロボットの管理を担当するのか明確にする
・RPA導入後の部署間連携やトラブル対応などの体制を整える
・自社の課題や適用する業務に見合ったRPAツールを選定する
・RPAツールのサポート体制が自社の要件を満たしているかを確認する

導入するRPAツールについては、実行環境や導入規模、導入する業務の性質、社内の体制など、上に挙げた留意点をもとにしてよく検討する必要があります。一見すると機能が似通っているツールでも、詳細に確認すると操作性や操作対象とできるシステムの範囲などに違いがあったりします。また、コストは重要な要素の1つではありますが、単に安いという理由だけで導入した結果、必要な機能が足りなかったといったケースもよくあるので注意が必要です。

 **❷ ロボパットDXが業務改善に役立つ理由**

それでは、上記の留意点を踏まえた上で、本書で扱っているロボパットDXのどのような点が業務改善に役立つのかを紹介しましょう。

### ■ プログラミング言語を知らなくてもロボットを作成・修正できる

ロボパットDXは、ワードやエクセルのような普段使っているソフトウェアと同じような操作感でロボットの作成や修正を行うことができます。プログラミングやマクロ作成などの専門的な知識が必要ないため、事務職や営業職のスタッフでも直接ロボットに指示を出すことが可能です。業務の内容にもっとも詳しい現場担当者が自分でロボットを管理できるので、作業内容に関する認識の相違で誤ったロボットを作ってしまうというような心配がありません。また、業務プロセスの変更に対しても柔軟に対応できるため、現場の業務スピードがロボットの修正によって妨げられるという事態も避けられます。

## ■ 普段行っている手順の通りにRPA化できる

RPAの中には、ロボットを作成する際に、自動化したい業務プロセスをフローチャートに落とし込まなければならないものもあります。フローチャートは現場担当者にとっては馴染みがないことが多いため、このようなRPAでは、ロボットの作成を情報システム部門に頼りがちになってしまいます。その点ロボパットDXでは、普段行っている作業の手順でそのままロボットを作ることができるため、導入の敷居が低く、現場で使いこなせなくなるという心配がありません。

## ■ 自社開発のツールや独自の管理画面にも対応している

自社開発した社内専用のアプリケーションや、基幹システムのための独自の管理画面などを使用する業務の場合、RPAソフトウェア側がロボットの作成に対応していないというケースも少なくありません。ロボパットDXの場合、パソコンの画面に表示される画像を認識して、人間がマウスとキーボードを使って操作する内容を代わりにロボットが行います。したがって、どんなアプリケーションであっても、人間がマウスとキーボードで操作できるものであれば自動化することが可能です。

## ■ "現場への定着"に重点が置かれている

RPAを導入するおもな目的が「生産性向上」にあるのならば、本質的に目指すべきは、RPAの導入を通じて社員一人ひとりが生産性を意識できるようになることです。単に業務を自動化するというだけではなく、RPAを使って自分たちの業務がどのように効率化できるのかを常に意識できる環境を作らなければなりません。ロボパットDXでは、RPAの定着を目的としたサポートが充実しているため、現場レベルでの継続的な活用を目指すことができます。

## ご注意：ご購入・ご利用の前に必ずお読みください

● ロボパットDXは、スクリーンショットを利用してパソコンを自動的に操作する自動操作APIです。

● 本書に記載された内容は、ロボパットDXバージョン1.4.1に関する解説で、情報提供のみを目的としています。したがって、本書を用いた運用は、必ずお客様自身の責任と判断によって行ってください。これらの情報の運用の結果について、技術評論社および著者はいかなる責任も負いません。

● ソフトウェアに関する記述は、特に断りのないかぎり、2020年9月末日現在での最新情報をもとにしています。これらの情報は更新される場合があり、本書の説明とは機能内容や画面図などが異なってしまうことがあり得ます。あらかじめご了承ください。

● 本書の内容については以下の動作環境をご参照ください。ご利用のOSおよびWebブラウザによっては手順や画面が異なることがあります。あらかじめご了承ください。
　　OS：Microsoft Windows 8.1, 10（32bit, 64bit対応）Microsoft Windows Server 2012, 2012R2,
　　　　2016, 2019 CPU：2.40 GHz以上のプロセッサ推奨
　　メモリ：4GB以上推奨（起動するアプリケーションの要件も考慮してください）
　　HDD：1GB以上の空き容量推奨
　　必須ソフトウェア：Java 8（JRE 1.8）
　　※ツール内に同梱しています。ロボパットバージョン1.4.0以降はOpenJDK8を利用します。

● Microsoftがサポートしているexcelについてはサポート対象です（Microsoftが延長サポートしている間は対象となります）。 Office365は常に最新版にアップデートされますので、最新バージョンのロボパットDXで提供されるプラグインについては、定期的にアップデート後の動作確認が行われております。ただし、お客様のスクリプトを100%動作保証するものではありません。正しく動作しない場合は、お問い合わせいただいた上で確認を行いますこと、ご了承ください。

● Web自動化については、以下のWebブラウザ、Seleniumのバージョンで動作を保証します。
　　Webブラウザのバージョン
　　1. Google Chrome：79.0.3945.117 以上
　　2. Internet Explorer：11.535.18362.0 以上

　　Seleniumのバージョン
　　・Web API Library：3.141.59 以上
　　・Google Chrome Driver：79.0.3945.36 以上
　　・Internet Explorer Driver：3.141.59 以上 ※32bit版のみ
　　※Firefoxはweb自動化対象外です（現バージョン時点）

● インターネットの情報については、URLや画面などが変更されている可能性があります。ご注意ください。

以上の注意事項をご承諾いただいた上で、本書をご利用願います。これらの注意事項をお読みいただかずに、お問い合わせいただいても、技術評論社および著者は対処しかねます。あらかじめご承知おきください。

■本書に掲載した会社名、プログラム名、システム名などは、米国およびその他の国における登録商標または商標です。本文中では™、®マークは明記していません。

# CHAPTER 1

# RPAロボパットDXの基本を知る

# LESSON 1-1 画面構成を知り初期設定をする

ロボパットDXは大きく7つの画面構成に分かれています。ロボパットDXを使いこなすために、各画面構成、またその名称を確認しましょう。

CHAPTER 1 RPAロボパットDXの基本を知る

## ❶ RPAロボパットDXの画面構成を知る

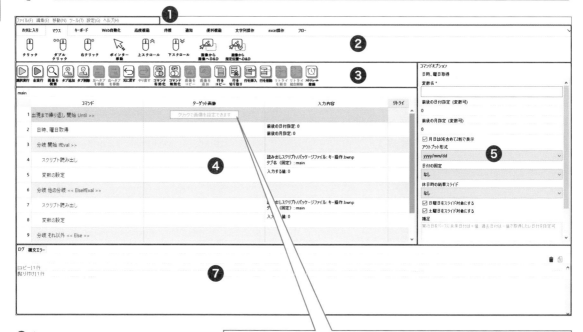

❶メニュー
❷オペレーションツールバー
❸アクションツールバー
❹コマンドテーブル
❺コマンドオプション
❻ターゲットオプション
❼ログ／構文エラー

❻コマンドテーブル上のターゲット画像をクリックすると表示される画面です。
画像の再キャプチャ（撮り直し）、ターゲット画像の修正、マウス操作・入力操作の座標指定ができます。

20

## ❶ メニュー

メニューでは作成したロボパットスクリプトの保存、プラグイン機能や各種設定、ヘルプデスクやマニュアルなどのサポートを利用できます。プラグイン機能を有効活用すれば、効率のよいスクリプト作成も可能です。

## ❷ オペレーションツールバー

ロボパットDXのメイン機能が表示されます。基本のマウス、キーボード操作からロボパットDXの便利な機能まで、画面を操作する上で必要となる各操作が定義され、アイコンごとに格納されています。アイコンをクリックすると、行いたい操作が登録されます。

## ❸ アクションツールバー

おもにオペレーションツールバーで選んだ機能に対して指示を出す機能が表示されます。スクリプト作成や実行のときに使用します。

## ❹ コマンドテーブル

スクリプトを保持したテーブルです。スクリプトはコマンドの組み合わせの総称で、複数のコマンドで構成されています。各行のコマンドは実行順に並べられています。コマンドテーブルは、「スクリプト作成画面」ともいいます。

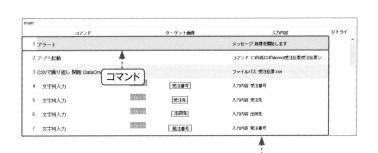

## コマンドテーブルの編集について

コマンドテーブルのスクリプトの編集はかんたんにできます。コマンドの順番を入れ替えたい場合、選択行を移動先にドラッグ＆ドロップすると、自由にコマンドの並び順（実行順）を変更できます（フル機能版のみ）。

また、コマンドのコピーやペースト・切り取り・削除なども、編集したいコマンドを選択した上で、以下の3つの方法があります。

❶ アクションツールバーのボタンで操作を選ぶ
❷ 右クリックして操作を選ぶ
❸ 割り当てショートカットキーで操作する

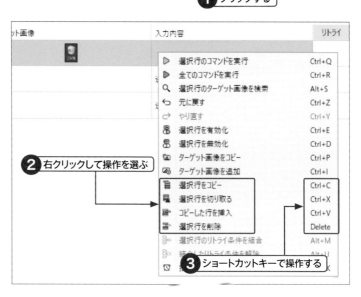

これらは通常のWindowsの操作と同じ感覚で行うことができ、編集もかんたんに行えます。
コマンドのコピー＆ペーストは、同じタブの中や同じロボパットDXのファイル内はもちろん、ほかのタブやほかのロボパットファイルへも可能なので、スクリプトの作成時間の短縮にもつながります。

## タブについて

コマンドテーブルにはタブが設定されています。ロボパットDXはエクセルのシートのような操作性で、タブごとにスクリプトを分けて作成できます。
タブはアクションツールバーの＜タブ追加＞でかんたんに追加ができます。
また、タブ名をダブルクリックすれば追加しているタブ名も編集ができます。

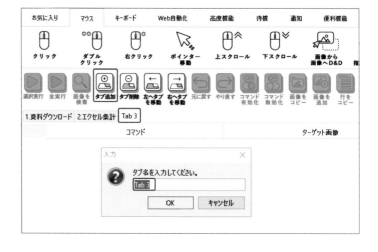

分けて作成したスクリプトは「つなげて動かす」ことも可能です（「フロー」の「Gotoタブ移動」を追加し、コマンドオプションでタブ名を選択）。

業務の工程別や、事務処理の条件別にタブを分けてスクリプトを設定することで、1つのタブにスクリプトが一覧ですべて並んでいるよりも、スクリプトの把握がしやすくなり、追加・修正などのメンテナンスも楽になります。

### ❺ コマンドオプション

コマンド登録後、細かなオプションを設定する画面です。

コマンドによって表示画面は異なりますが、右のように画像が設定されるコマンドであれば、画像の精度などを設定します。

## ❻ ターゲットオプション

コマンドで設定した画像の指定・修正・編集画面です。

コマンドテーブル上のターゲット画像をクリックすると、画面が表示されます。ターゲット画像の撮り直しや編集、クリックや入力時の座標指定ができます。

## ❼ ログ／構文エラー

「ログ」タブはスクリプト再生時の操作履歴が表示されます。

「構文エラー」タブは処理、分岐処理などの構文にエラーがあった場合はここに表示されます。

スクリプトがうまく動作しないとき、どの工程でエラーがあったのかなど、原因を探るときに便利に使えます。

「ログ」タブにある右のボタンを押すと、表示されているログをクリア/表示します。

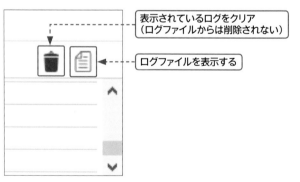

表示されているログをクリア（ログファイルからは削除されない）

ログファイルを表示する

**❷重要な初期設定をする**

ロボパットDXはデスクトップ上の画面を自動操作するにあたって、画像認識技術を実装しています。そのため、OSやアプリケーションのバージョンアップなどのイベントによっては、デスクトップ上に表示される画面（色・サイズなど）が変化し、自動操作に影響を与える可能性があります。

ロボパットDXがうまく動作させる方法を、Windows 8.1とWindows 10の双方を対象として、以下に解説していきます。

**ディスプレイの拡大率を変更する（Windows 8.1 の場合）**

ディスプレイの拡大率を変更することは動作を安定させる重要な設定です。まず、＜コントロールパネル＞→＜デスクトップのカスタマイズ＞→＜ディスプレイ＞の順にクリックして、「ディスプレイ」画面を表示します。

## ❶拡大率を「100%」にする

「すべての項目のサイズを変更する」の箇所で、＜100%＞をクリックして選択し（❶）、＜すべてのディスプレイで同じ拡大率を使用する＞をクリックしてチェックを付けます（❷）。

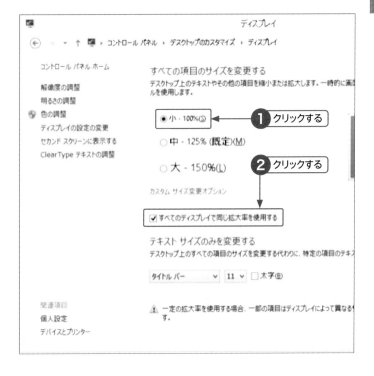

ディスプレイの拡大率を変更することは動作を安定させる重要な設定です。まず、＜設定＞→＜システム＞→＜ディスプレイ＞→＜表示スケールの詳細設定＞の順にクリックして、「表示スケールの詳細設定」画面を表示します。

### ❶拡大率を「100%」にする

「100%～500%のカスタムスケーリングサイズを入力します」に「100」と入力し（❶）、＜適用＞をクリックして（❷）、＜今すぐサインアウトする＞をクリックします（❸）。

💡 **POINT** 必ずサインアウトする

カスタムスケーリングの変更は、サインアウトするまで適用されません。そのため、設定後は、サインアウトしてから再度ログインする必要があります。＜今すぐサインアウトする＞をクリックすると、すぐにサインアウトできます。

カスタムの拡大/縮小率はサインアウトするまで適用されません。
今すぐサインアウトする
100% ～ 500% のカスタム スケーリング サイズを入力します (推奨されません)

100                                    ×

適用

### 「パフォーマンスオプション」を設定する（Windows 8.1、Windows 10 共通）

「パフォーマンスオプション」画面で、スクリーンフォントの縁を滑らかに設定することで、「文字列検索」や「文字読み取り」コマンドの認識率が向上します。＜コントロールパネル＞→＜システムとセキュリティ＞→＜システム＞→＜システムの詳細設定＞→＜詳細設定＞タブ→＜設定＞の順にクリックして「パフォーマンスオプション」画面を表示します。

### ❶ パフォーマンスを設定する

＜パフォーマンスを優先する＞をクリックし（❶）、すべてのチェックボックスを外してから、＜スクリーンフォントの縁を滑らかにする＞をクリックしてチェックを付け（❷）、＜適用＞をクリックします（❸）。

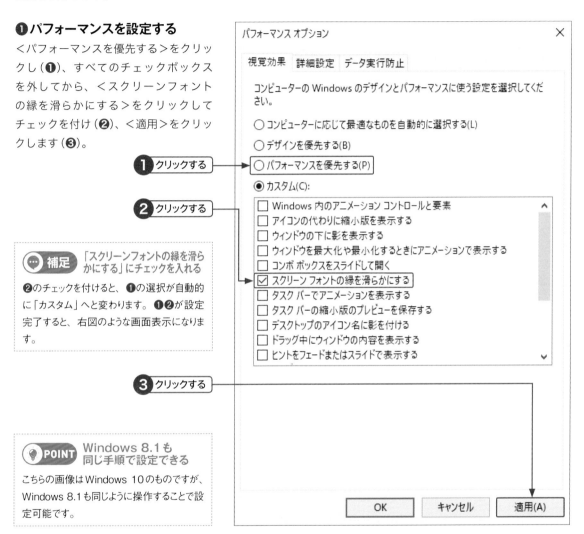

> ⦿ 補足　「スクリーンフォントの縁を滑らかにする」にチェックを入れる
>
> ❷のチェックを付けると、❶の選択が自動的に「カスタム」へと変わります。❶❷が設定完了すると、右図のような画面表示になります。

> 💡 POINT　Windows 8.1 も同じ手順で設定できる
>
> こちらの画像は Windows 10 のものですが、Windows 8.1 も同じように操作することで設定可能です。

### デスクトップの背景色を変更する（Windows 8.1）

デスクトップを単色に指定することで、コマンドの認識率が向上します。＜コントロールパネル＞→＜デスクトップのカスタマイズ＞→＜個人設定＞の順にクリックして、「個人設定」画面を表示します。

❶「個人設定」画面を表示する

<デスクトップの背景 単色>をクリックします（❶）。

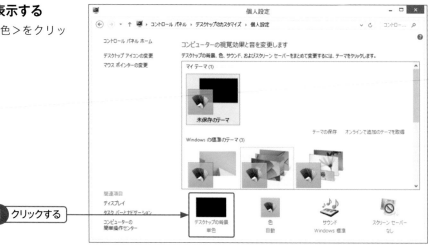

❷デスクトップの背景を変更する

デスクトップの背景に設定したい色（ここでは黒）を選択してクリックし（❶）、<変更の保存>をクリックします（❷）。

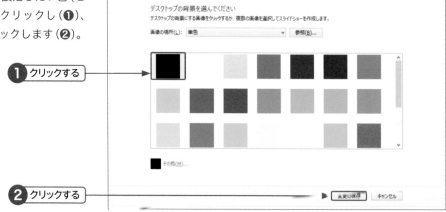

---

デスクトップの背景色を変更する（Windows 10）

デスクトップを単色に指定することで、コマンドの認識率が向上します。<設定>→<個人用設定>→<背景>の順にクリックして、「背景」画面を表示します。

❶「背景」画面を表示する

<背景>をクリックして<単色>を選択し（❶）、デスクトップの背景に設定したい色（ここでは黒）を選択してクリックします（❷）。

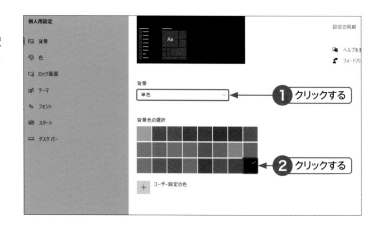

# LESSON 1-2 | RPAロボパットDXの基本操作を知る

ロボパットDXは画像を認識させマウスポインターの動きを記録して再現させます。ロボパットDXを動かすために、必要な設定と基本的な使い方を確認しましょう。

##  ❶画像をキャプチャする

まずは、画像のキャプチャ方法を覚えましょう。人がデスクトップの画面を見て操作するように、ロボパットDXも「画像認識」という方法で操作できます。そこで、操作させたい画像をキャプチャしてロボパットDXに教える必要があります。ここでは、フォルダのエクセルファイルを、ダブルクリックでキャプチャしましょう。

### 🔧 ロボパットDXでの操作

### 1 画面を表示させる

キャプチャしたい画面を表示させます。

**1.キャプチャする画面を表示する**
キャプチャしたい画面(ここでは「ロボパットのテキスト」というタイトルのエクセルファイル)を表示させます(❶)。

### 2 ロボパットDXで画像を認識する

ロボパットDXで画像を認識させるには、以下の手順で操作します。

**1.<ダブルクリック>をクリックする**
ロボパットDXの<マウス>をクリックして(❶)、<ダブルクリック>をクリックします(❷)。

**2.待機する**
そのまま少し待ちます(約1秒)。

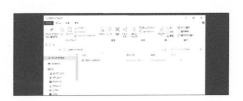

### 3. 画面が暗くなる

画面が暗くなり、キャプチャ画面となります。キャプチャ画面になると、ロボパットDXで画像が認識できるようになります。

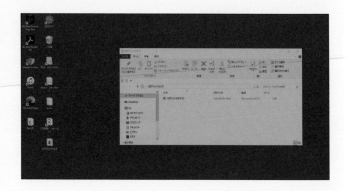

## 3　画像認識させたい箇所をキャプチャする

画像認識させたい箇所をキャプチャします。

### 1. 画像を指定する

画像認識させたい箇所をドラッグして範囲選択し（❶）、切り取るようなイメージでマウスを動かします。画像の指定ができたら、マウスから手を放します。

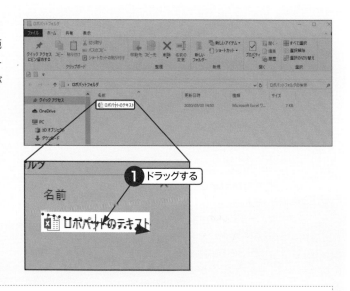

---

**POINT　画面が暗くなるまで操作しない**

画面が暗くなる前に操作しようとすると、キャプチャする画像が変化してしまう可能性があります。画面が完全に暗くなるまで、操作して表示画面を変化させないように注意しましょう。P.32「❸ 画像キャプチャのコツを知る」も参照してください。

---

### 2. 画像がキャプチャされる

画像がキャプチャされ、「コマンドテーブル」に登録されます。

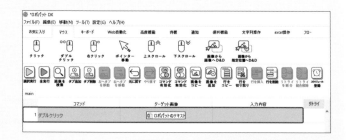

**❷画像を撮り直す**

キャプチャした画像を修正したい場合や別の画像に変更したい場合、画像の撮り直しを行います。

 **ロボパットDXでの操作**

## 1 修正したい画像を選択する

修正したい画像を選択します。

**1. 修正したい画像をクリックする**
「コマンドテーブル」に表示された、修正したい画像をクリックします（❶）。

> **POINT** 「ターゲットオプション」画面とは
>
> 「ターゲットオプション」画面は、キャプチャ画像の修正（撮り直し）や編集ができる画面です。

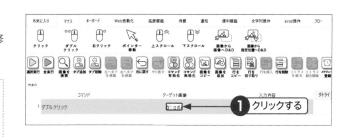

**2. <四角形>をクリックする**
「ターゲットオプション」画面が表示されます。<四角形>をクリックします（❶）。

> **POINT** 四角形でキャプチャするメリット
>
> <四角形>は、デフォルトのキャプチャ方法です。ほかの形でも再キャプチャできますが、<四角形>は画面上のどこでも撮り直しができて、画像のサイズも細かく調整できるので便利です。

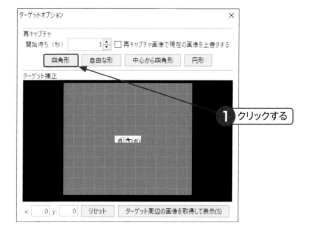

## 2 画像を再キャプチャする

キャプチャ画面で、撮りたい画像を再キャプチャします。

**1. 画像を指定する**
画像認識させたい画像をドラッグして範囲選択し（❶）、切り取るようなイメージでマウスを動かします。画像の指定ができたら、マウスから手を放します。

## 2. 撮り直した画像を表示する

再キャプチャすると、「ターゲットオプション」画面で撮り直した画像が表示されます。

## 3. ＜OK＞をクリックする

再キャプチャした画像に問題がなければ＜OK＞をクリックします（❶）。

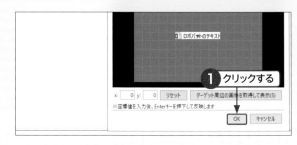

## 4. コマンドが登録される

コマンドが登録されているか確認します。

---

## ❸画像キャプチャのコツを知る

### ■ キャプチャは小さめが基本

画像のキャプチャ方法は右画像の上のように余白も含めて広範囲でキャプチャするよりも、右画像の下のように小さめにキャプチャするほうが、検索時間がかからずに速く認識できます。

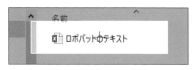

### ■ ユニークで変わりづらい画像をキャプチャする

画像認識では、必ずユニークな画像をキャプチャするようにします。画像そのものが変化してしまう場合は、画像を見つけられずエラーになってしまいます。また、ほかにも同じ画像がある場合などは、ロボパットDXがどれを操作すればよいかわからずに、異なる画像の方を操作してしまう可能性もあります。エラーを回避し、メンテナンスの手間も考えて、次のような場合は避けて、はじめから変わりづらい画像をキャプチャしましょう。

### 時期により画像が変わる場合

Webブラウザ上で画像を設定すると、時期やタイミングで変わる可能性があります。長期的に変わりづらい画像を選びます。

### 同じ画像が複数ある場合

人の目では違うと感じても、右の例の場合、「白地に黒字」という点で同じ画像と認識されます。

 座標指定

同じファイル名や表示画面でも、たとえばアイコンを含めるなどキャプチャ範囲を変えることでユニークな画像になることもありますが、まったく同じで区別できないものは座標指定という位置で指定する方法を使うこともあります。座標指定の使い方は、P.70「❷＜文字列入力>を使って入力する」を参照してください。

### ファイルの状態によって表示画面に違いがある場合

ポインターがあたる位置によってはうっすらと青色に変化したり、

完全にアクティブな状態だと濃い青色になったり、

一度クリックしたあとの状態であれば青い枠線がついたりします。

このように本来表示されている状態から、人の操作によって表示画面が変わる場合があります。ロボパットDXは、色も認識できるので、画像の色が影響しないように、本来表示されている状態の画像で、色の変化が起きづらいところをキャプチャしましょう。

**❹画像が見つけられているか確認・調整する**

キャプチャした画像がうまく認識できているか確認を行います。画像があるのに見つけるまでに時間がかかる場合や、違う画像を操作してしまった場合、また画像が表示されているのに認識してくれない場合は、画像の認識精度が影響している可能性があります。ロボパットDXがどのように画像を認識しているかチェックしましょう。

## 🔧 ロボパットDXでの操作

### 1 画像が見つけられているか確認する

画像が見つけられているか確認するためのコマンドを、以下の手順でつくります。

**1. 画像を表示させる**

キャプチャした画像が含まれる画面を表示させた状態にします。

**2. 画像を検索する**

「コマンドテーブル」で画像検索したい行をクリックして選択し（❶）、＜画像を検索＞をクリックします（❷）。

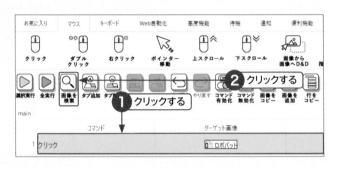

**3. 画像が認識できているか 確認する**

ロボパットDXが認識している画像が、ターゲット画像の候補として黄色で表示されます。似た画像がある場合、複数の候補画像が黄色で表示されますが、第一候補のターゲット画像には赤い枠が表示されます。指定した画像が複数候補として表示される場合、異なる候補画像を選択してしまう可能性があるので、次の手順を参考に画像精度を調整します。

> 💬 **補足** 候補画像の数
>
> アイコンの位置やパソコンの状態によっても、候補画像の数が異なってくる場合があります。

## 4. ロボパットDXの操作画面に戻る

[Esc] を押して、ロボパットDXの操作画面に戻ります。

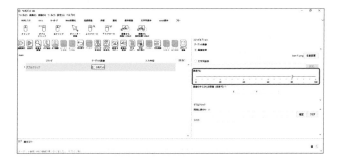

> **💬 補足 画像検索結果の表示**
>
> ロボパットDXの操作画面の最下部の「ログ」には画像検索結果も表示されます。

---

## 2 画像の認識精度を調整する

画像の認識精度を調整します。

### 1. 画像の認識精度を調整する

画像が設定されるコマンドの右側、「コマンドオプション」には「精度」ゲージが表示されます。デフォルトの精度ゲージは80%です。80%の状態ではほかの候補画像が出てきたので、精度を100%にしてみましょう。

> **💬 補足 調整と修正**
>
> 精度の調整ではなく、画像を修正することもあります。

### 2. 目盛りを移動させる

<80>のメモリをクリックして<100>の位置までドラッグします（❶）。

### 3. 精度が表示される

精度を調整すると、コマンドのターゲット画像にも精度が表示されます。

> **💡 POINT 精度を調整するメリット**
>
> 精度を調整することで画像認識のスピードも上がります。

このように画像の精度を調整することで、画像を見分けて正確に動かすことができます。今回のように複数の候補画像があり、きちんと見分けて動かしたいときには精度を高めましょう。ただ反対に、精度を下げて画像の認識をしやすくする場合もあります。どちらの場合であっても、「虫眼鏡」を使いながらロボパットDXの認識精度を調整して使いましょう。

> **⚫ 補足 精度の高さに関する注意点**
>
> 精度を高めるときは、すべて100%にすればよいというわけではありません。100%はデジタル画像として完全一致となるため、人の目にはわかりづらい画像の変化もすべて認識してしまいます。「（. ドット）」が入る・フォントが欠けてしまう、など些細な変化でも完全一致とはならず、ロボットが見つからないと判断した結果、エラーになる可能性もあります。100%でうまく認識できない場合は、精度を数%落とすと安定します。

## ❺スクリプトを実行する（選択実行と全実行）

### ■＜選択実行＞

「アクションツールバー」にある＜選択実行＞という青い再生アイコンをクリックすると（❶）、選択コマンドのみを部分実行して動かします（❷）。1行でも複数行でも選択したコマンドを実行します。

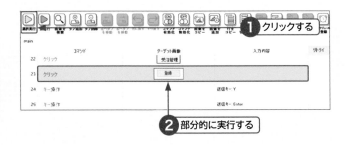

❷ 部分的に実行する

> **💡 POINT ＜選択実行＞の使いどころ**
>
> スクリプトの作成中に試しに動かすときなどによく使います。

> **⚫ 補足 複数行の選択**
>
> コマンドの複数行の選択は、マウスでの範囲選択や、[Shift] を押しながら十字キー（上・下）でも選択できます。

### ■＜全実行＞

「アクションツールバー」にある＜全実行＞という赤い再生アイコンをクリックすると（❶）、そのタブに登録されているスクリプトを実行して動かします（❷）。

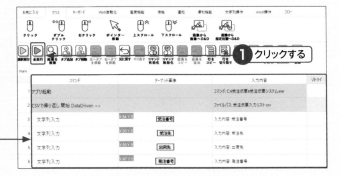

❷ タブ内をすべて実行する

## ❻スクリプトを保存する

ロボパットDXで作成したスクリプトは、<ファイル>をクリックし（❶）、<名前を付けて保存する>をクリックすることで（❷）、ファイル保存できます。

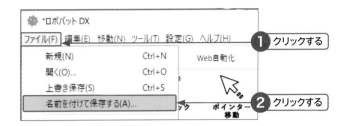

スクリプトは指定した保存場所に「.bwnp」の拡張子で保存されます。スクリプトを実行したい場合は、bwnpファイルをダブルクリックで開いて、<全実行>の赤い再生ボタンをクリックします。ロボパットDXがインストールされたほかのパソコンで、スクリプトを動かしたい場合はbwnpファイルをそのまま共有して使用してください。

受注伝票処理.
bwnp

## ❼PDFレポートを出力する（簡易版と詳細版）

<ファイル>をクリックして（❶）<レポート>をクリックすると（❷）、スクリプトの設定情報をレポートとしてPDFに出力できます。PDFに出力することでスクリプトを印刷することができ、全体の確認がしやすくなります。
「PDFレポート」には、簡易版と詳細版の2種類あります。詳細版は、スクリプト内の各コマンドのすべてのコマンドオプションが表記されます。簡易版は、コマンドオプションが多数指定されているコマンドでは、その内容が「（省略）」と表記される場合があります。

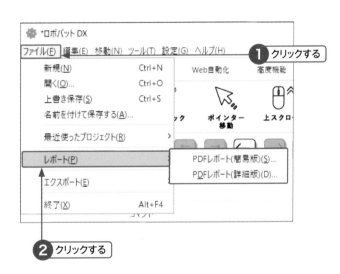

### < PDF レポート簡易版 >

・ターゲット画像はグループ画像の場合3画像まで表示
・「文字列検索」、「コマンドオプション」は5項目まで表示
・「コマンドオプション」は1項目あたり3行まで表示
・「リトライ項目」はグループ画像の場合3画像まで表示

💬 補足　未入力項目

未入力項目は表示されません。

### < PDF レポート詳細版 >

・スクリプト設定情報をすべて出力（1行内に表示しきれない場合は別ページに表示）

**❽変数情報を表示する**

＜ツール＞をクリックして（❶）、＜変数一覧＞をクリックすると（❷）、設定画面の中で利用する変数の値をリアルタイムで表示させ、編集やコピーを行うことが可能になります。さらに「CSVの最後まで繰り返し」で取得した変数や「JSを直接記述し実行」内で作成した変数も表示できます。

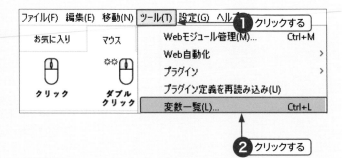

**補足** 変数の詳細

変数についてはP.113「補足「変数」を使って便利につくる」で詳しく説明します。

**スクリプト設定変数**

スクリプト内の「変数」項目で設定している変数が対象になります。

**補足** 変数の編集とコピー

対象となる変数はコピーと編集が可能です。

| スクリプト設定変数 | 動的に変わる変数 | ⌄ |
| --- | --- | --- |
| 変数名 | 現在値 | 変数名検索 |
| テスト1 | テスト | 検索 |
| テスト2 | 2013 | 検索 |
| テスト3 | サンプル | 検索 |
| テスト4 | てすと | 検索 |
| テスト5 | ABCabc123456789ABCabc | 検索 |

**動的に変わる変数**

「CSVの最後まで繰り返し」で取得した変数や「JSを直接記述し実行」内で作成した変数を表示します。

| スクリプト設定変数 | 動的に変わる変数 | ⌄ |
| --- | --- | --- |
| 変数名 | 現在値 | 変数名検索 |
| %now% |  | 検索 |
| %user.home% | C:\Users\xxx\ | 検索 |
| 出荷ブロック |  | 検索 |
| 出荷数量 | 33 | 検索 |
| 指定納期 | C | 検索 |
| 明細番号 | 5 | 検索 |
| 請求ブロック | X | 検索 |

# 基礎的なスクリプトを
# マスターする

# LESSON 2-1 ごみ箱を空にする

ここでは「ごみ箱を空にする」3つの方法方法を挙げながら、ロボパットDXの基本の使い方とスクリプトのつくり方を確認しましょう。

##  ❶ごみ箱を＜ダブルクリック＞と＜クリック＞で空にする

「ごみ箱を空にする」という例題で、画像認識と基本的なロボットのつくり方を確認しましょう。皆さんは、普段どうやってパソコンのごみ箱を空にしていますか？　かんたんな操作であっても、人によって操作が異なることは多くあります。ロボパットDXは、その人が知っている方法でロボットをつくることができるので、自動化するときにはまず、普段どういう手順で操作しているのかを確認してロボットをつくりましょう。
まず、1番かんたんなロボパットDXの操作でごみ箱を空にします。
画像認識を使ってスクリプトをつくりましょう。

### ⌨ 手作業での操作

**1.＜ごみ箱＞をダブルクリックして開く**

＜ごみ箱＞をダブルクリックします（❶）。

**2.ごみ箱を空にする**

＜ごみ箱を空にする＞をクリックします（❶）。

**3.＜はい＞をクリックする**

＜はい＞をクリックします（❶）。

手作業の操作手順通りにそのままコマンドを登録します。CHAPTER1 LESSON 1-2の「❶画像をキャプチャする」(P.29) や「❸画像キャプチャのコツを知る」(P.32) も参照してください。

### 🔧 ロボパットDXでの操作

### 1 ごみ箱をダブルクリックする

まずは手作業での操作と同様に、ごみ箱をダブルクリックするためのコマンドをつくります。

**1.キャプチャしたい画面を**
**あらかじめ表示させる**

ロボパットDXの操作の前に、キャプチャ
したい画面を表示させます(❶)。

❶表示させる

**2.<マウス>の<ダブルクリック>を**
**クリックする**

<マウス>をクリックし(❶)、<ダブ
ルクリック>をクリックします(❷)。

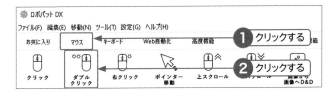

**3.暗くなるまで待つ**

約1秒ほど、暗くなるまで待ちます。

 **POINT 必ず暗くなるまで待つ**

キャプチャ画面になるまでは、画面の変化な
どを避けるため操作せずに待ってください。
P.30「POINT　画面が暗くなるまで操作し
ない」を参照してください。

41

### 4. ごみ箱のアイコンをキャプチャする

ダブルクリックさせたい画像（ここでは＜ごみ箱＞）の範囲をドラッグして（❶）、キャプチャします。

### 5. 完成したコマンドが登録される

コマンドが登録されているか「コマンドテーブル」を確認します。

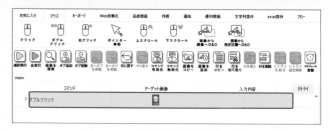

| 確認しよう | つくったコマンドが正しく動くか、＜選択実行＞をクリックして確認しましょう。 |  |
| --- | --- | --- |

### 2 ＜ごみ箱を空にする＞をクリックする

キャプチャ方法は❶ごみ箱をダブルクリックする方法と同じです。

### 1. キャプチャしたい画面をあらかじめ表示させる

ロボパットDXの操作の前に、キャプチャしたい画面を表示させます（❶）。

2.<マウス>の<クリック>をクリックする

<マウス>をクリックして（❶）、<ク
リック>をクリックします（❷）。

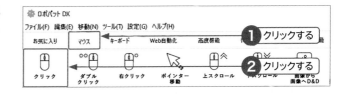

3.暗くなるまで待つ

約1秒ほど、暗くなるまで待ちます。

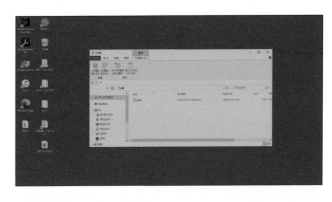

4.<ごみ箱を空にする>の画像をキャプ
チャする

クリックさせたい画像（ここではくごみ
箱を空にする>）をドラッグしてキャプ
チャします（❶）。

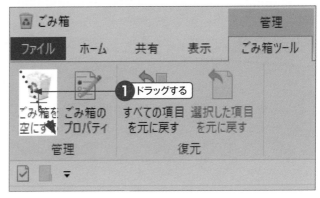

5.完成したコマンドが登録される

コマンドが登録されているか確認しま
す。

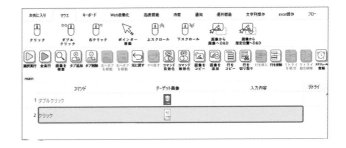

| 確認 しよう | つくったコマンドが正しく動くか、<選択実行>をクリック して確認しましょう。  |

ごみ箱を空にするため、<はい>をクリックさせます。

**1. キャプチャしたい画面をあらかじめ表示させる**

ロボパットDXでキャプチャしたい画面をあらかじめ表示させます（❶）。

**2. <マウス>の<クリック>をクリックする**

<マウス>をクリックして（❶）、<クリック>をクリックします（❷）。

**3. 暗くなるまで待つ**

約1秒ほど、暗くなるまで待ちます。

**4. <はい>の文字だけをキャプチャする**

「ファイルの削除」画面の<はい>の文字だけを選択してドラッグし、キャプチャします（❶）。

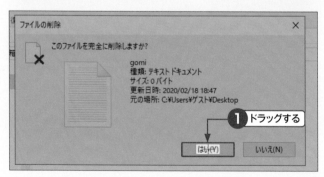

**💬 補足　ユニークな画像をキャプチャする**

キャプチャする画像は、変わりづらいユニークな画像を小さめにキャプチャします。<はい>の枠は、アクティブでは青色ですが、何らかの操作で非アクティブになるとグレーの枠に変化します。ロボパットDXでは色も認識しているので、画像の中でも変わりづらいところをキャプチャしましょう（P.32「❸ 画像キャプチャのコツを知る」参照）。

5.完成したコマンドが登録される

コマンドが登録されているか確認します。

これで手作業と同じ、ごみ箱をダブルクリックで開いて空にするスクリプトが完成です。

| 確認しよう | つくったスクリプトの動きを確認しましょう。ごみ箱が空になるかどうか、<全実行>をクリックしましょう。 |  |
| --- | --- | --- |

**POINT　ごみ箱は一度閉じる**

P.41～45で作成したスクリプトを実行する前に、開いたごみ箱を一度閉じて、「1ごみ箱をダブルクリックする」から動かせるようにデスクトップのごみ箱を表示させて全実行します。

## ❷ごみ箱を<右クリック>と<クリック>で空にする

2つ目のごみ箱を空にするスクリプトをつくります。操作されることが多い右クリックを使い、メニュー画面から選択して空にする方法です。ここでは、キャプチャしたいのに画面が変化して目的の画像がキャプチャできないときに、どうやって対処するかの方法をお伝えします。

### ⌨ 手作業での操作

**1.<ごみ箱>を右クリックする**

<ごみ箱>を右クリックします（❶）。

**2.<ごみ箱を空にする>をクリックする**

<ごみ箱を空にする>をクリックします（❶）。

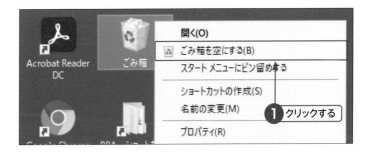

**3.削除確認の画面が開いたら、<はい>をクリックする**

「ファイルの削除」画面が表示されます。
<はい>をクリックします（❶）。

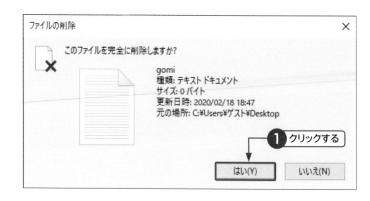

---

### ⚙ ロボパット DX での操作

**1** **ごみ箱を<右クリック>する**

手作業での操作と同じように、ごみ箱を右クリックするためのコマンドを以下の手順でつくります。

**1.<マウス>の<右クリック>でごみ箱をキャプチャする**

<マウス>をクリックして（❶）、<右クリック>をクリックします（❷）。

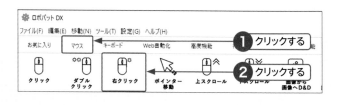

---

**確認しよう** つくったコマンドが正しく動くか、<選択実行>をクリックして確認しましょう。

---

💬 **補足** **スクリプトごとに分けて登録する**

<タブ追加>をクリックすると、前項の<ダブルクリック>の「ごみ箱を空にする」スクリプト（P.41〜45）と分けて登録できます。P.22「タブについて」も参照してください。

---

💬 **補足** **同じキャプチャ方法について**

<右クリック>のキャプチャ方法は<ダブルクリック>や<クリック>の操作と同じなので、ここでは省略します。

---

### ◼ 表示された右クリックメニューの<ごみ箱を空にする>をクリックするには

次に、右クリックで表示されるメニュー画面の<ごみ箱を空にする>をドラッグでキャプチャします。キャプチャするということは、メニュー画面を表示させておく必要がありますが、キャプチャのためロボパット DX をアクティブ状態に切り替えると、表示していたメニュー画面は閉じてしまいます。

## 1.ロボパットDXに切り替える

ごみ箱の右クリックメニュー画面を表示してから、ロボパットDXをアクティブに切り替えます。

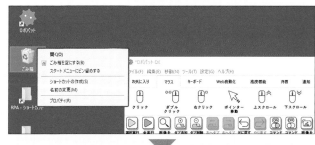

## 2.メニュー画面が消える

非アクティブになるため、右クリックメニュー画面も消えてしまいます。

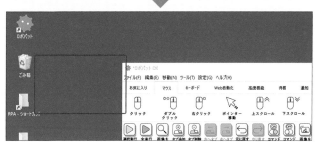

 消えてしまう画面の例

消えてしまう画面は右クリックのメニュー画面のほかにも以下のようなものがあります。
・プルダウン（エクセル/Web）
・オンマウスして開くポップアップ画面

---

## 2 仮の画像をキャプチャしてから撮り直す

メニュー画面は消えてしまうので、キャプチャはできません。そこで、次にしたい操作の＜クリック＞の手順で「仮の画像」をキャプチャします。仮の画像としてキャプチャしたあとに、正しい画像に修正して登録できます。

## 1.仮の画像を＜マウス＞の＜クリック＞でキャプチャする

＜マウス＞をクリックして（❶）、＜クリック＞をクリックします（❷）。

## 2.仮の画像をキャプチャする

デスクトップの任意の場所を選んで、仮の画像をドラッグしてキャプチャします（❶）。

 キャプチャする画像は何でもよい

ここでキャプチャした「仮の画像」はあとで差し替えるので、キャプチャする画像は何でも問題ありません。

**3.仮の画像をクリックして**
**「ターゲットオプション」を開く**

「ターゲットオプション」で、仮の画像を正しい画像に修正します。

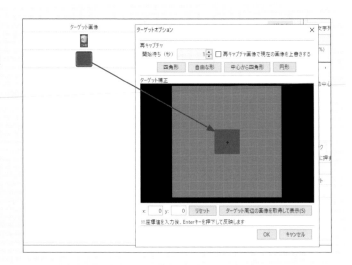

**4.画像を撮り直す**

画像を撮り直したいので、＜四角形＞をクリックしますが、その前に、＜開始待ち（秒）＞の右側をクリックし、開始待ちの時間を5秒程度に設定して（❶）、＜四角形＞をクリックします（❷）。

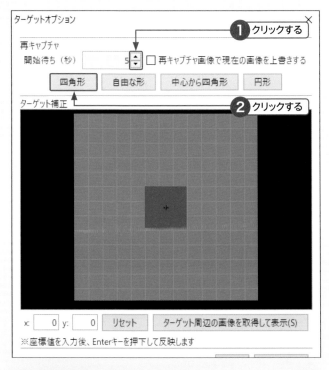

⊙補足 **開始待ちの時間を**
**長めに設定する理由**

コマンドボタンや＜四角形＞をクリックすると、デフォルトでは1秒後にキャプチャ画面に変更します。しかし、＜開始待ち（秒）＞を長めに設定することで、キャプチャ画面に切り替わるまでの指定した秒数だけ、時間の余裕が生まれます。

**5.指定秒数内に右クリックする**

指定秒数以内（今回は5秒以内）に＜ごみ箱＞にポインターを合わせて右クリックします（❶）。

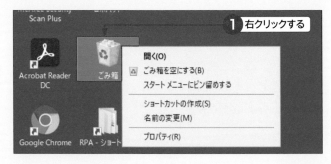

## 6.暗くなるまで待つ

右クリックメニュー画面を出して暗くな
るまで待つと、本来撮りたかったメ
ニュー画面が表示されたままキャプチャ
画面になります。

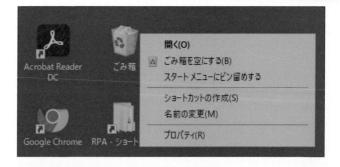

## 7.メニュー画面の<ごみ箱を空にする>
をキャプチャする

<ごみ箱を空にする>をドラッグして
キャプチャします（❶）。

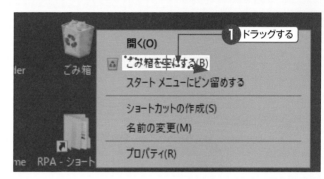

## 8.再キャプチャ画像を確認して、<OK>
をクリックする

再キャプチャ画像に問題がなければ、
<OK>をクリックします（❶）。

## 9.完成したコマンドが登録される

コマンドが登録されているか確認しま
す。

### 3 ＜はい＞をクリックする

＜はい＞をクリックします。

**1.＜マウス＞の＜クリック＞から＜はい＞をキャプチャする**

「ファイル削除」画面が表示されるので、＜マウス＞の＜クリック＞から＜はい＞をキャプチャします。手順はP.44「3 ＜はい＞をクリックする」と同じです。

**2.完成したコマンドが登録される**

コマンドが登録されているか確認します。

## ❸ごみ箱を＜右クリック＞と＜キー操作＞で空にする

最後に、画像認識とキーボード操作を組み合わせた方法です。今回のごみ箱を空にする方法の中で、1番操作スピードや作成スピードが速い方法です。右クリックメニューに表示される操作には、キー入力で行えるように特定のキーが割り振られています。

### ⌨ 手作業での操作

**1.＜ごみ箱＞を右クリックする**

＜ごみ箱＞を右クリックします（❶）。

**2.＜ごみ箱を空にする＞が表示されたらキーボードの B を押す**

右クリックのメニュー画面が表示されたら B を押します。

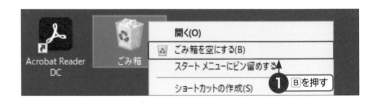

**3.削除確認の画面が開いたらキーボードの Y を押す**

「ファイルの削除」画面が表示されます。Y を押します。

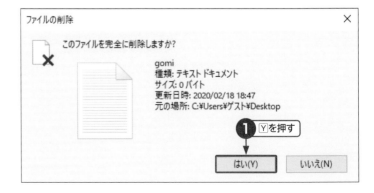

## ⚙️ ロボパット DX での操作

### 1 ごみ箱を右クリックする

＜右クリック＞のキャプチャ方法は＜ダブルクリック＞や＜クリック＞の操作と同じなので、ここでは省略します。

### 2 キー操作で B を押す

手作業での操作と同じように、キー操作で B を押すコマンドを以下の手順でつくります。（「オペレーションツールバー」の）＜キーボード＞の＜キー操作＞は、キーボードを押す操作を置き換えてくれます。今回のような B Y の操作や Enter 、十字キーやショートカットキーなどいろいろなキー操作を入力できます。

1.＜キーボード＞の＜キー操作＞を
　追加する

＜キーボード＞をクリックし（❶）、
＜キー操作＞をクリックします（❷）。

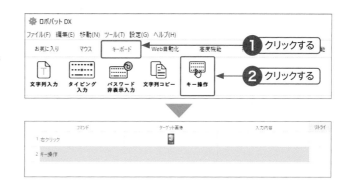

2.「コマンドオプション」の送信キー欄に
　＜B＞を入力・確定する

「送信キー」にカーソルを合わせ、半角で＜B＞を入力します（❶）。正しく入力できたら、＜確定＞をクリックします（❷）。入力を間違えたときなど入力内容を消したい場合は、＜クリア＞をクリックしましょう。

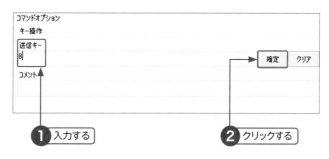

💡 **POINT** 半角で入力する

キー操作は必ず半角で入力してください。「送信キー」への入力がうまくいかない場合、全角になっている可能性があります。入力モードを確認しましょう。

💬 **補足** キーボードの上書き

「送信キー」がアクティブになっている間、キー入力すると、上書きされます。

💬 **補足** 入力は大文字になる

アルファベットはデフォルトで大文字が入力されます。

## 3. 背景が変わる

確定すると「送信キー」の背景が緑色に
変わります。

 **キー操作で Y を押す**

キー操作で Y を押すコマンドは、以下の手順でつくります。

### 1. ＜キーボード＞の＜キー操作＞を追加し、「送信キー」に＜Y＞を入力する

P.51の **2** を参考に「コマンドオプション」を表示し、「送信キー」に＜Y＞を入力します。

### 2. 完成したコマンドが登録される

コマンドが登録されているか確認します。

> 💬 **補足**　「はい」の選択方法
>
> Enter でも「はい」を選択できます。

> **確認 しよう**　つくったコマンドが正しく動くか、＜選択実行＞をクリックして確認しましょう。

---

## ⚙ ❹画像認識とキー操作を使い分ける

右クリックメニュー画面の操作以外にも、キー操作に置き換えられるマウスの操作はたくさんあります。画像認識とキー操作は、それぞれの特長を組み合わせて使うと、効果的です。

| | |
|---|---|
| 画像認識 | ・人が見ている画像をもとにして動かせるのでかんたんでわかりやすい<br>・画像を見分けて、操作を確実に行う |
| キー操作 | ・少ないコマンド数で行いたい操作ができるので、作成時間や実行時間が短い<br>・画像を検索する時間がないので、操作が速い |

以下、それぞれの例をいくつか紹介します。画像認識は、人が操作するときに見ている画像をキャプチャすることで、かんたんにスクリプトを作成できます。また、設定した画像が画面に表示されているかどうかを判別して動作するため、確実に操作を行いたいときに活用できます。

CCにメールアドレスを入力→宛先や件名と見分けたいので画像認識

---

### 💬 補足　画像で入力する方法

入力する操作も画像を使う方法があります。文字列入力の操作はP.70「❷＜文字列入力＞を使って入力する」を参照してください。

一方でキー操作は、作成スピード・操作スピードが速いので、効率よくスクリプトを作成できます。

また送信キー欄には複数キーを入力できるので、ショートカットキーの入力に使うことも多くあります。たとえば画像認識でいくつも画像をキャプチャする必要がある場合や、画像が変化してしまいキャプチャが難しい場合でも、ショートカットキー1つで同じ操作ができることもあります。

ロボパットDXによる操作の1つの選択肢として、操作したい画面の反応を見ながら、画像認識やキー操作を使い分けてみてください。

名前を付けて保存する→ F12 で画面を表示

エクセルのデータを範囲選択→ Ctrl ＋ Shift ＋右で横に範囲選択し、 Ctrl ＋ Shift ＋下で指定範囲を選択

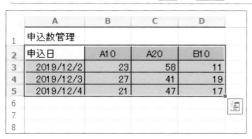

# LESSON 2-2 画像認識以外でファイルやアプリケーションを開く

普段、さまざまなファイルやアプリケーションを起動させて業務を行っています。ロボパットDXの画像認識以外の操作方法を解説します。

## ❶ ＜アプリ起動＞からファイルやアプリケーションを開く

ロボパットDXでは、人の手作業と同じようにダブルクリックして開きたいアプリケーションを起動するだけではなく、直接アプリケーションを呼び出すことが可能です。

パソコンにインストールされているアプリケーションは、OSの標準設定では、「.exe」というファイル形式で、ローカルディスク内の「Program Files」フォルダなどに格納されています。ロボパットDXで、この「.exe」ファイルを選択して開くことによって、あらゆるアプリケーションを起動できます。

同じ手順でエクセルのファイルなども選択して開くことができるので、ここでは、「RPA」と名付けたフォルダに保存された「管理表.xlsx」を開いてエクセルを起動させましょう。

### 🔧 ロボパットDX での操作

### 1 ファイルやアプリケーションを開く

任意のエクセルファイルを開くためのコマンドを、以下の手順でつくります。

1. ＜高度機能＞の＜アプリ起動＞をクリックする

＜高度機能＞をクリックして（❶）、＜アプリ起動＞をクリックします（❷）。

2. 開きたいアプリケーションを選択する

開きたいアプリケーションやファイルが格納されたフォルダ（ここでは＜ローカルディスク (C:) ＞）を選択してダブルクリックします（❶）。

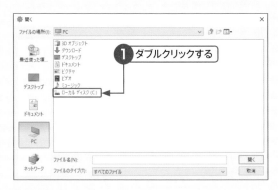

### 3. 格納場所を特定する

開きたいアプリケーションやファイルの
格納場所を特定します。ここでは、ロー
カルディスク (C:) の中の＜RPA＞という
フォルダをダブルクリックします (❶)。

### 4. 起動したいファイルを開く

起動したいエクセルファイル (ここでは
＜管理表.xlsx＞) をクリックし (❶)、
＜開く＞をクリックします (❷)。

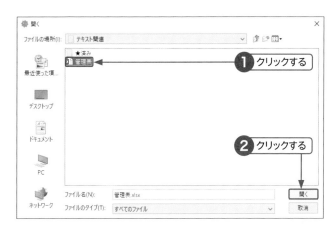

### 5. 完成したコマンドが登録される

コマンドが登録されているか確認しま
す。

| 確認<br>しよう | つくったコマンドが正しく動くか、＜選択実行＞をクリック<br>して確認しましょう。 |  |

---

## ❷ ＜エクセルを開く＞からエクセルを開く

エクセルを開くことに特化した機能です。「コマンドオプション」で細かな設定を施してエクセルを起動できます。

 **ロボパットDXでの操作**

### 1 エクセルファイルを開く

エクセルファイルを開くコマンドを、以下の手順でつくります。

### 1.＜excel 操作＞の＜エクセルを開く＞
をクリックする

＜excel操作＞をクリックし (❶)、＜エ
クセルを開く＞をクリックします (❷)。

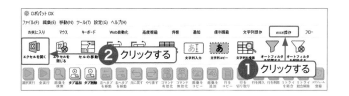

## 2. 「コマンドオプション」のファイルパスの<参照>をクリックする

「コマンドオプション」が表示されます。
<参照>をクリックします (❶)。

## 3. 開きたいエクセルを選択し<OK>をクリックする

開きたいエクセルファイル (ここでは
<管理表.xlsx>) をクリックし (❶)、
<OK>をクリックします (❷)。

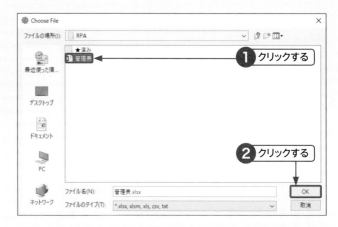

## 4. 完成したコマンドが登録される

コマンドが登録されているか確認します。

| | | 確認<br>しよう | つくったコマンドが正しく動くか、<選択実行>をクリックして確認しましょう。 |  |

## ■「エクセルを開く」をさらに使いこなす

### シートの位置、シート名を指定して開く

「コマンドオプション」を開いて、エク
セルを開く際に細かな設定ができます。
「シートの指定」のプルダウンメニュー
ではシート名、あるいは右端、左端シー
トの位置を指定して開くことが可能です
（❶）。

シート名を指定してエクセルファイルを
開きたいときは、「シートの指定」のプ
ルダウンメニューから指定シートを選択
し、「指定シート名」にシート名を入力
します（❷）。

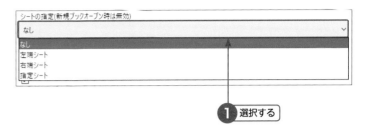

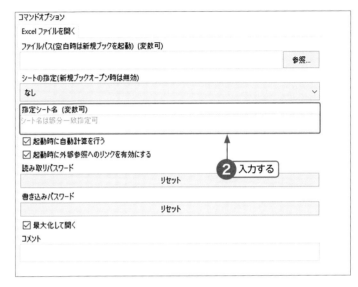

### パスワードロックされているエクセルファイルを開く

パスワード設定されているエクセルの場
合、パスワードを入力し、ロックを解除
して起動できます。

＜リセット＞をクリックして（❶）、表
示される入力内容欄にパスワードを入力
し（❷）、＜OK＞をクリックします（❸）。
設定することで、エクセル起動後パス
ワードを入力するために必要なコマンド
登録を省略することができます。

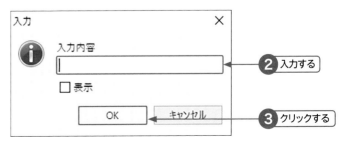

**③＜フォルダを開く＞からフォルダを開く**

 **ロボパット DX での操作**

**1 フォルダを開く**

フォルダを開く際に使用するコマンドを以下の手順でつくります。アプリケーションやファイルではなくフォルダを開きたい場合は「フォルダを開く」を使用しましょう。

**1.＜便利機能＞の＜フォルダを開く＞をクリックする**

＜便利機能＞をクリックして（❶）、＜フォルダを開く＞をクリックします（❷）。

**2.「コマンドオプション」のフォルダパスの＜参照＞をクリックする**

「コマンドオプション」が表示されます。＜参照＞をクリックします（❶）。

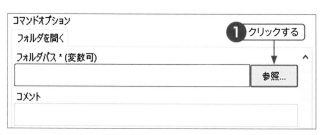

**3.開きたいフォルダを選択し ＜OK＞をクリックする**

開きたいフォルダ（ここでは＜RPA＞）をクリックし（❶）、＜OK＞をクリックします（❷）。

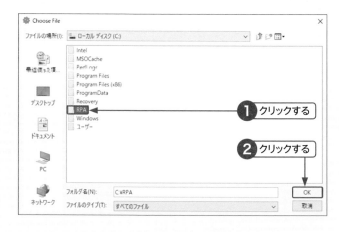

**4.完成したコマンドが登録される**

コマンドが登録されているか確認します。

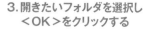

| 確認 しよう | つくったコマンドが正しく動くか、＜選択実行＞をクリックして確認しましょう。 |  |

**❹＜ツール＞からWebページを開く**

＜アプリ起動＞で、Webブラウザの「.exe」ファイルやショートカットアイコンを選択すれば、Webページを開くことはできますが、通常のWebブラウザ起動と同じようにあらかじめ設定したホーム画面が開くだけです。
ロボパットDXに備わったプラグイン機能を使うことで、URLを指定して、Webページを開くことができます。

## 1 Webページを開く

「ツール」からWebページを開くコマンドを以下の手順でつくります。ここではWebブラウザとしてChromeを選択しています。

**ロボパット DX での操作**

1. **プラグインでChromeを起動する**

メニューの＜ツール＞をクリックして（❶）、＜プラグイン＞をクリックします（❷）。＜web＞をクリックして（❸）、＜Chromeを起動＞をクリックします（❹）。

> **POINT** ブラウザの選択
>
> ＜Chromeを起動＞＜FireFoxを起動＞＜IEを起動＞と3種類のWebブラウザを指定して起動できるので、お使いのWebブラウザにあわせて選択してください。

2. **「コマンドオプション」のURL欄に開きたいサイトのURLを入力する**

「コマンドオプション」が表示されます。URL欄に開きたいサイトのURLを入力します（❶）。

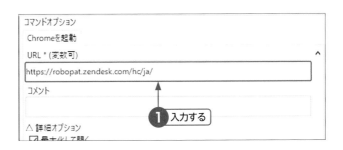

3. **完成したコマンドが登録される**

コマンドが登録されているか確認します。

> **確認しよう** つくったコマンドが正しく動くか、＜選択実行＞をクリックして確認しましょう。

# LESSON 2-3 | 次の操作を「待つ」

起動させたいアプリケーションが重かったり、Webの接続が不安定だったりなど、起動するタイミングにタイムラグがある場合は待機を使用することが有効です。

## ⚙️ ❶操作を安定させるため＜待機＞する

みなさんはこんな経験ありませんか？

「今日はネットがつながりづらくて、なかなか画面が遷移しないなあ…」

「ファイルが開くまで時間がかかるなあ」

対象アプリケーションや、お使いの環境、パソコンのスペックによっても異なりますが、人は、次の操作をするために必要な画面状態になるまで、無意識に『待つ』という行動をしています。これをロボパットDXの操作では「待機」というコマンドで置き換えて設定します。待機コマンドは、ロボットを止まることなく安定して動かすための重要な機能です。ここでは、待機コマンドの重要性と各待機コマンドの使用するタイミングについて解説していきます。ロボパットDXは、動作設定の「1操作ごとの待機時間」という設定上、決まった秒数間隔でコマンドを動かしています。

### 🛠️ ロボパット DX での操作

**1** **＜待機＞を設定する**

1操作ごとの待機時間を設定します。

**1.＜設定＞をクリックする**

メニューの＜設定＞をクリックして（❶）、＜設定＞をクリックします（❷）。

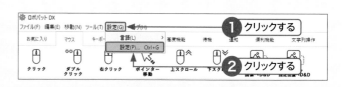

**2.待機時間を設定する**

「1操作ごとの待機時間（秒）」の右の欄をクリックして設定できます（❶）。

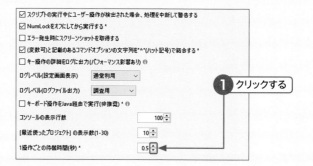

CHAPTER 2 基礎的なスクリプトをマスターする

## 3.コマンドが待機時間通りに動く

ここでは0.5秒に設定したので、コマンドを0.5秒間隔で動かします。

| コマンド | ターゲット画像 | 入力内容 | リトライ |
|---|---|---|---|
| Excel ファイルを開く | 0.5秒 | ファイルパス(空白時は新規ブックを起動): 管理表.xlsx シートの指定(新規ブックオープン時は無効): なし | |
| キー操作 | 0.5秒 | 送信キー: Windows・上 | |
| クリック | 商品一 | | |

ロボパットDXは指示通り操作をしていても、画面遷移が追い付いていなかったことで、

・キーボード操作のタイミングがずれて、期待するアウトプットにならなかった
・本来表示されているはずの画像が見つからずエラーになった

という現象が発生する可能性があります。このような現象は、待機時間の不足が原因であることが多いので、十分な待機時間が含まれているか確認してみましょう。人が操作のタイミングを待つように、ロボパットDXにも待つ操作を入れることで、ロボットを安定して動かせるようになります。
アプリケーションを開いたり、画面を切り替えたり、Webページを遷移させたり……と画面変化が起きるタイミングは、待機コマンドを追加するポイントです。
エラーになる可能性がある箇所は、あらかじめ待機コマンドを追加しておきましょう。

 ❷＜待機＞をつくる

指定秒数待ちたいときに便利です。ある程度、待ち時間が予測できる操作や、ほかの待機コマンドと組み合わせて微調整として利用できます。たとえば、エクセルのコピーとセル移動のタイミングで動きが噛み合わないときに、＜待機＞で短い間隔を入れることで動きを調整し、安定させることができます。

### 🦾 ロボパット DX での操作

### 1 待機させる

待機させるためのコマンドを、以下の手順でつくります。

1.＜待機＞の＜待機＞をクリックする
「オペレーションツールバー」の＜待機＞をクリックし（❶）、その下側にある＜待機＞をクリックします（❷）。

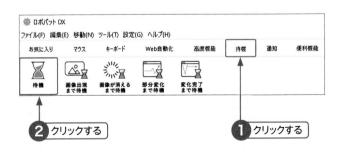

**2.** 「コマンドオプション」の「待機」にス
リープ時間を設定する

「コマンドオプション」が表示されます。
＜スリープ時間（ミリ秒）＞に時間を設
定します（❶）。

 **POINT** スリープ時間の単位

スリープ時間は、ミリ秒単位です。デフォル
トは1,000ミリ秒＝1秒となっています。のキーで0.5秒ずつ調整できます。

のキーで0.5秒ずつ調整できます。

---

## ❸目的の画像が出現するまで待機する

次の画面が出てから操作したいときに便利です。

「〇秒待てば十分」というのが明確であればわかりやすいですが、「昨日は開くまでに2～3秒だったけど、今日は
10秒以上待った気がする…」というように、待ち時間がたとえばその時々のインターネット接続環境によって異
なる、ということはよくあります。

そのときに「待機」で〇秒待つ、としてしまうと、待機時間が足りずに結局エラーになった、もしくは、もうアプ
リケーションは開いているのに無駄に待ってしまった、というケースも出てきます。

待ち時間があいまいな場合は画面の変化をきっかけにした待機を設定してみましょう。

Webページはインターネット接続環境によって開くまでの秒数が異なるので、「画像出現まで待機」を使って設定
します。Webページを起動後、ログイン画面が完全に表示されるのを待ってから次の操作（ログイン情報の入力
など）を行いたい場合を例として設定しましょう。

**ロボパット・DX での操作**

### 1 プラグインの＜Chromeを起動＞を作成する

P.59「❹ ＜ツール＞からWebページを開く」と同じ手順で、ログイン情報の入力があるWebページを開く
＜Chromeを起動＞コマンドを作成します。

**1.** ＜Chromeを起動＞コマンドを作成す
る

＜Chromeを起動＞コマンドを作成し
ます（❶）。

---

CHAPTER **2** 基礎的なスクリプトをマスターする

**2.＜Chromeを起動＞をクリックする**

「コマンドテーブル」の＜Chromeを起動＞をクリックします（❶）。

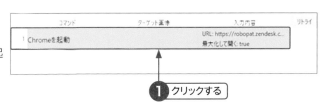

## 2 画像出現まで待機する

今回はWebページを起動後、完全に開くまで待たせたいので、Webページを起動させるコマンドの下に、画像が出現するまで待機させるコマンドを、以下の手順でつくります。

**1.＜待機＞の＜画像出現まで待機＞をクリックする**

「オペレーションツールバー」の＜待機＞をクリックし（❶）、＜画像出現まで待機＞をクリックします（❷）。

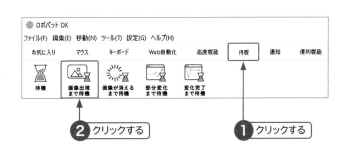

**2.ユニークな画像をキャプチャする**

この画像が出てきたら完全に開いているだろう、と判断できるそのWebページ上のユニークな画像や変化しづらい画像をドラッグして（❶）、キャプチャします。条件にあてはまればどの画像でも大丈夫です。

**3.完成したコマンドが登録される**

コマンドが登録されているか確認します。

 **❹目的の画像が消えるまで待機する**

「この画面が消えてから次の操作をしたい」というときに便利です。ログインやファイル保存など、操作の「完了」を明示するメッセージや画面上の変化はなく、代わりに、「操作中」であることを明示するメッセージや画面上の変化があり、操作が完了したときにそれらが画面上から消える場合に使用できます。今回はWebページを閉じてログイン画面が消えるまで、という設定をしてみます。

## 1 ログイン画面が消えるまで待機する

ログイン画面が消えるまで待機させるためのコマンドを、以下の手順でつくります。

**1. Webページを閉じる操作の下に**
**　<待機>を追加する**

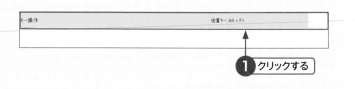

まずWebページのウィンドウを閉じる
<キー操作>のコマンドを入力してお
き、クリックします（❶）。このコマン
ドの下に<待機>を追加します。

---

💡**POINT** 「閉じる」操作のショートカットキー

Alt ＋ F4 はショートカットキーで「閉じる」操作です。閉じるボタンの画像は色が変わったり、小さかったりとキャプチャしづ
らいので、ロボパットDXでは Alt ＋ F4 や Ctrl ＋W をよく使います。

---

**2. <待機>の<画像が消えるまで待機>**
**　をクリックする**

「オペレーションツールバー」の<待機>
をクリックし（❶）、<画像が消えるま
で待機>をクリックします（❷）。

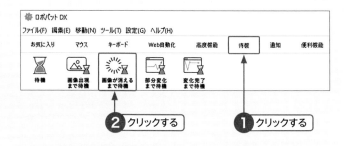

**3. 画像をキャプチャする**
ユニークな画像をドラッグしてキャプ
チャします（❶）。

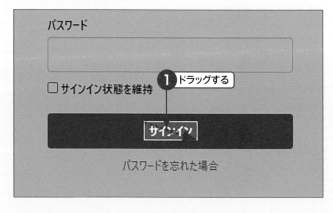

**4. 完成したコマンドが登録される**
コマンドが登録されているか確認しま
す。

CHAPTER**2**

基礎的なスクリプトをマスターする

**ファイルの保存中に待機させる**

左記手順のほかには、保存ボタンをクリックしてから、「保存中」を示すメッセージが表示され、保存が完了されるとメッセージが消える、といった場合にも使用できます。確実にファイル保存が完了してから新規作成ボタンをクリックしたい、といったケースに適しています。

| コマンド | ターゲット画像 | 入力内容 | リトライ |
|---|---|---|---|
| 消えるまで待機 | ⌛ ファイルを保存中です | タイムアウト 30 秒 | |
| クリック | | | |

 **❺ 微妙な画面の変化を待つ**

微妙な画面変化などを待ちたいときに＜部分変化まで待機＞と＜変化完了まで待機＞は便利です。ダウンロード中のアイコンが光る画面や、ロード中の点滅、アニメーションなど特定の画像のありなしで待てない場合の微妙な画面変化を待つことができます。使う機会が多いのは＜変化完了まで待機＞ですが、利用シーンやパソコンの画面変化によっては、＜部分変化まで待機＞のコマンドを使う場合があります。
どちらも「元の画面」「現在の画面」を比較して、変化を判定します。
待機の仕方の違いは次を参考にしてください。

### ■ 部分変化まで待機

コマンド実行時の画面を「元の画面」として記録し、これに対して「現在の画面」が指定％変化するまで処理を停止します。ポップアップの出現やページ遷移、クリックしても反応がなく、しばらくして突然完了画面が出てくるダウンロードボタンといった画面の変化を感知するために使用します。

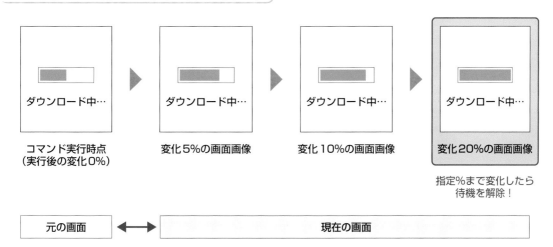

「元の画像」に対して指定した変化率で現在の画面を比較

## ■ 変化完了まで待機

コマンドオプションの指定したチェック間隔ごとに画面をチェックし、画面が変化しなくなるまで処理を停止します。指定秒数前 (デフォルトは1秒前) の「元の画面」と比較して、「現在の画面」の非変化率をチェックするので、元の画面も現在の画面も両方とも更新されます。ダウンロード待ちやページのロード待ちに使用します。

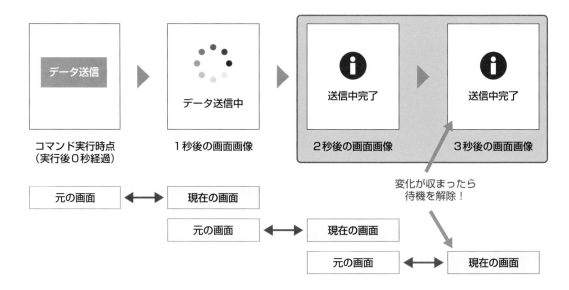

「チェック間隔」で指定した間隔で直前の画面と現在の画面を比較

コマンド実行時点
（実行後0秒経過）　　　1秒後の画面画像　　　2秒後の画面画像　　　3秒後の画面画像

データ送信

データ送信中

送信中完了

送信中完了

元の画面 ⟷ 現在の画面

元の画面 ⟷ 現在の画面

元の画面 ⟷ 現在の画面

変化が収まったら
待機を解除！

CHAPTER 2 基礎的なスクリプトをマスターする

CHAPTER

# 3

# Webのサービスで利用する

# LESSON 3-1 ログインする

「ログイン」という一連の操作で、使用頻度の高い「入力」の操作と実用的な「キー操作」の組み合わせ方を確認しましょう。

##  ❶ログインするときの文字列入力とキー操作を確認する

Webページやシステムのログイン画面を使って、文字列の入力を試してみましょう。まずは基本的な入力方法を確認してみましょう。

### <文字列入力>と<タイピング入力>

文字の入力をするおもな方法として、<文字列入力>と<タイピング入力>があります。

どちらの方法も指定した文字の入力をしますが、<文字列入力>は、かな・英数字全般を「値貼り付け（[Ctrl]＋[V]）」で入力し、<タイピング入力>は、半角英数字で1文字ずつタイピング入力します。

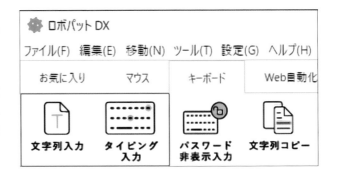

> 📣 **補足** <文字列入力>を利用できない場合
>
> 基本的には<文字列入力>でほとんどの場合操作が可能ですが、値貼り付けを許可していないシステムでは<文字列入力>を利用できません。
> <文字列入力>による操作がうまく行かない場合は、<タイピング入力>で操作します。
> 本テキストでは<文字列入力>を用いて説明していますが、入力する形式が異なるだけで設定方法はどちらも同じです。

> 📣 **補足** <タイピング入力>時に必要な設定
>
> <タイピング入力>は、コマンド実行時に「半角入力」の設定がされている必要があります。

### 1. 入力内容を入力してカーソルを移動する

「ID」や「メールアドレス」などの入力欄にカーソルを合わせて、入力内容をキーボードで入力します（**❶**）。次に「パスワード」の入力欄にカーソルを移動します（**❷**）。

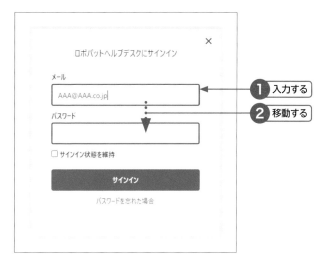

### 2. パスワードを入力する

「パスワード」の入力欄に、パスワードを入力します（**❶**）。

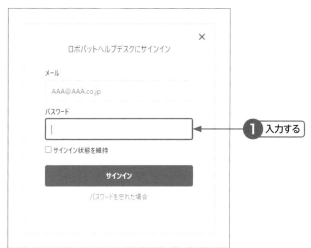

### 3. ログインする

入力が完了したら、＜サインイン＞をクリックするか Enter を押してログインします（**❶**）。

**②<文字列入力>を使って入力する**

**1** **ログインIDを入力する**

Webページが開いていることを前提に、ログインIDを入力するコマンドを、以下の手順でつくります。

1.<キーボード>の<文字列入力>をク
リックする

<キーボード>をクリックして（❶）、
<文字列入力>をクリックします（❷）。

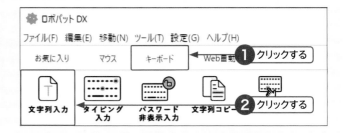

2.文字列の入力欄近くのユニーク画像を
キャプチャする

画面が暗くなるまで待ち、文字列の入力
欄近くのユニーク画像をドラッグし
（❶）、キャプチャします。

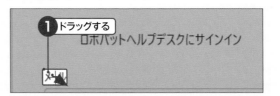

---

**💡POINT** 入力箇所の指定方法

実際に入力する箇所は画像でキャプチャせず、この
あと別の方法で入力箇所を指定します。

**💡POINT** 画像は小さめに撮る

入力箇所の目印となる、画面上のユニークな画像を
小さめにキャプチャしましょう。

---

**💡POINT** キャプチャNG例

画像をキャプチャするときに入力欄そのものをキャプチャした例（画面左）と、項目名＋入力欄をキャプチャした例（画面右）で
す。このような画像の撮り方をすると、パスワードの入力欄やそのほかの白い画面と区別が付きづらくなってしまいます。

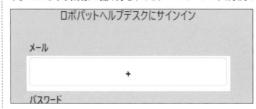

---

**💬補足** キャプチャせずに入力する方法

<文字列入力>をクリックするとキャプチャ画面に移行しますが、キャプチャせずに入力する方法もあります。P.73「キャプチャ
と座標指定の設定をしない文字列の入力方法」を参照してください。

## 3. 入力したい内容文字列を入力する

「入力」画面が表示されます。＜入力文字列＞に入力したい内容を入力して（❶）、＜OK＞をクリックすると（❷）、コマンドテーブルに＜文字列入力＞コマンドが登録されます。

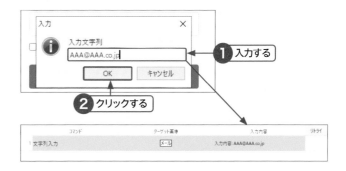

---

💬 **補足** 「コマンドオプション」で入力内容を編集する

入力内容は直接「コマンドオプション」で編集できるので、ポップアップ表示される「入力」画面での入力を＜OK＞または＜取消＞ボタンで回避して、コマンド作成完了後、コマンドテーブル画面に戻ってから編集もできます。

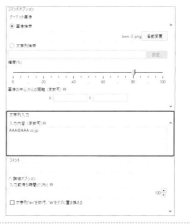

---

## 4. 「ターゲットオプション」を表示させる

＜ターゲット画像＞（ここでは＜メール＞）をクリックします（❶）。

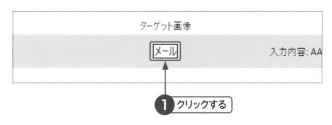

「ターゲットオプション」が表示されます。画像の中心に赤い十字（画像の中央点）が表示されており、通常、ロボパットDXでは認識した画像の中央点に目掛けて、クリックや入力などの操作をします。今回は、目的の入力欄に文字列を入力できるように、入力箇所を設定し直します。

**5. <ターゲット周辺の画像を取得して表示>をクリックする**

<ターゲット周辺の画像を取得して表示>をクリックします（**1**）。

---

💡**POINT** <ターゲット周辺の画像を取得して表示>を行う際の注意

<ターゲット周辺の画像を取得して表示>をクリックする前には、必ずキャプチャ画像が含まれるアプリの画面をアクティブ（最前面）にしておきましょう。

たとえば、Webブラウザ上のキャプチャ画像周辺を表示したいのに、ロボパットDXで操作する前にエクセルをアクティブにしていると、エクセルの画面が最前面の状態になります。この状態で<ターゲット周辺の画像を取得して表示>をクリックしても、Webブラウザ上の目的のキャプチャ画像が認識できずに「ターゲットオプション」に戻ってきてしまいます。

---

**6. キャプチャ画像周辺の画像を表示させる**

キャプチャ画像の周辺の画像（ここではWebブラウザの画面）が表示されます。

**7. 本来入力させたい場所を座標指定する**

本来文字列を入力させたい箇所をクリックすると（**1**）、緑色の十字が付き、これによって新しく入力する箇所として再設定ができるので、<OK>をクリックします（**2**）。

この再設定の方法を「座標指定」といい、目印となるユニークで変わりづらい画像からの距離で指定できます。

---

💡**POINT** 「座標指定」の使える場面

Webブラウザの入力欄などは、画像として見たときはどれも似ていて画像認識による区別が難しいので、ユニークなキャプチャができるように、画像を小さくして入力欄そのものはキャプチャの範囲内から外すことがよくあります。

今回のような文字列の入力操作では多用できる機能ですが、<クリック>や<ダブルクリック>などマウス操作でも使える機能です。

### 8.「ターゲットオプション」に戻ったら ＜OK＞をクリックする

「ターゲットオプション」が表示されます。＜OK＞をクリックします（❶）。
座標指定されたコマンドは、ターゲット画像の部分に座標のX軸・Y軸の数値が表示・反映されます。

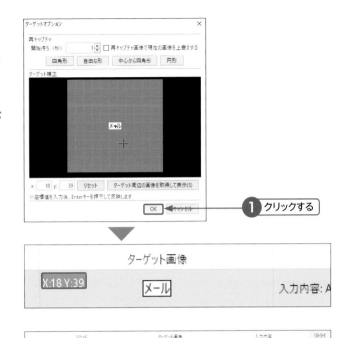

❶ クリックする

### 9.完成したコマンドが登録される

コマンドが登録されているか確認します。

## ■ キャプチャと座標指定の設定をしない文字列の入力方法

ここまでの説明では、入力欄を指定するために目印となる画像をキャプチャして座標指定を設定する方法をお伝えしましたが、もう1つ画像をキャプチャしないで文字列を入力する方法があります。そもそも、画像をキャプチャして座標指定を設定したのは、「入力欄の指定がされていない」状態だからです。つまり逆説的にいえば、入力欄の指定が済んでいれば、キャプチャや座標指定の設定はしなくてもよい、となります。

「入力欄が指定されている」状態とは、右図のように、入力欄に「カーソルが当たっている」状態を指します。

通常通り、＜文字列入力＞をクリックして、キャプチャ画面になったときに[Esc]を押すと、そのまま「入力」画面が表示され、＜入力文字列＞で文字列の入力を求められます。

文字列を入力して（❶）、＜OK＞をクリックすると（❷）、キャプチャ画像が設定されていないコマンドが登録されます（❸）。

キャプチャ画面のときに[Esc]を押すことで、キャプチャや座標指定の設定を回避し、直接文字列を入力するコマンドが登録できる、と覚えておきましょう。

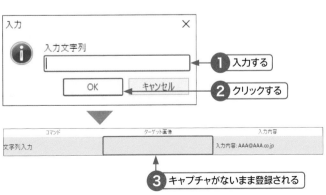

❶ 入力する
❷ クリックする
❸ キャプチャがないまま登録される

メールの作成画面は、＜文字列入力＞コマンドの
入力欄指定を画像認識によって行う方法と行わな
い方法、両方活用できるので使い分けの例として
紹介します。

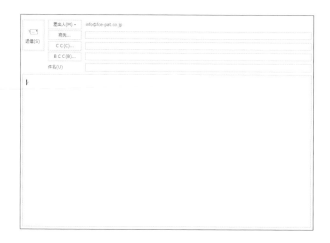

「宛先」「CC」「件名」は、メールの作成画面を新規
に表示したとき、カーソルがそれぞれの入力欄に
指定されていないので、画像認識によって入力欄
の指定を行いましょう。

メール本文の入力欄は、メールの作成画面を新規
に表示したとき、カーソルがデフォルトで指定さ
れているので、画像認識は行わない＜文字列入
力＞コマンドで文字列を入力できるでしょう。

---

**⋯ 補足** 画像認識を行うかどうかはケースバイケース

「宛先」「CC」「件名」は画像認識による入力欄指定をすすめましたが、＜キー操作＞コマンドの Tab を押すことで入力
欄指定を遷移させることもできます。

＜文字列入力＞コマンドを実行する時点ですでにカーソルが当たっており入力欄指定の必要がない場合でも、個人情報
の入力など、内容を正確に入力したいときにはあえて画像認識による入力欄指定を利用することもあります。

画像認識による入力欄指定を行うかどうかは、入力シーンによって使い分けてみてください。

---

## 2 パスワード入力欄に移動する

ID・メールアドレス入力欄から次に入力するパスワード欄にカーソルを移動します。

入力欄の移動は、 Tab で移動できることがよくあるので、ここでは Tab を押すためのコマンドを、以下の手順で
つくります。

**1.＜キーボード＞の＜キー操作＞をクリッ
クする**

＜キーボード＞をクリックして（❶）
＜キー操作＞をクリックします（❷）。

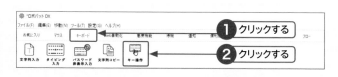

**2.「コマンドオプション」の送信キーに
＜Tab＞と入力する**

「コマンドオプション」が表示されます。
「送信キー」に＜Tab＞を入力します（❶）。

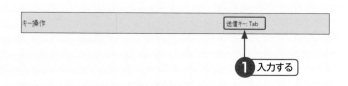

**3.完成したコマンドが登録される**

コマンドが登録されているか確認しま
す。

## ❸ パスワードを＜パスワード非表示入力＞で入力してログインする

続いて、パスワードの入力方法について解説していきます。ここでは、＜パスワード非表示入力＞で入力します。入力内容を非表示にできます。

＜パスワード非表示入力＞は、コマンド部分で内容が表示されないだけでなく、「コマンドオプション」、ログなどでも非表示となります。

ロボパットDXの設定画面や運用上表示させたくない情報は、パスワード非表示入力で設定してください。

パスワード変更の際は、「コマンドオプション」の＜リセット＞で再度設定ができます。

> **💡 POINT** ＜パスワード非表示入力＞に関する注意
>
> ＜パスワード非表示入力＞は、入力内容を非表示にするという機能であり、パスワードとIDを紐づけたり自動記録したりして管理できる、という機能ではありません。
> パスワードの管理は通常通り人が管理を行う必要があり、設定したパスワードは忘れないように自分でしっかり管理しましょう。

ログ 構文エラー

```
                    |1行目 |文字列入力 |検索中 'bwn-2'
                    |1行目 |文字列入力 |入力内容："AAA@AAA.co.jp" ターゲット画像 'bwn-2'
                    |2行目 |キー操作 |Tab
                    |3行目 |非表示入力 |*** 非表示入力 ***
```

コマンドオプション

非表示入力

入力内容

[ リセット ]

コメント

△ 詳細オプション
☐ Windows資格情報を利用する
インターネットまたはネットワークアドレス（変数可）ℹ️

取得情報 ℹ️

[ ユーザー名　　　　　　　　　　　　 ∨ ]

### ⚙️ ロボパット DX での操作

**1　パスワードを入力する**

以下の手順で、パスワードを入力するコマンドをつくります。

1. ＜キーボード＞の＜パスワード非表示入力＞をクリックする

＜キーボード＞をクリックし（❶）、＜パスワード非表示入力＞をクリックします（❷）。

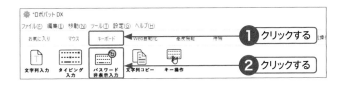

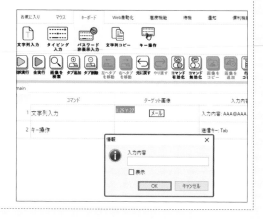

**😊 補足** **＜パスワード非表示入力＞は事前の入力欄指定が必要**

ほかの入力コマンドと異なり、＜パスワード非表示入力＞
はロボパットDXの画面上でそのまますぐに「情報」画面が
表示されます。つまり、＜パスワード非表示入力＞だけ
では、入力欄を指定できません。そこで、あらかじめ＜キー
操作＞で Tab などを追加する、もしくは＜クリック＞で
パスワード入力欄の画像認識を設定するなど、事前に入
力欄の指定をすることが、＜パスワード非表示入力＞コ
マンドを設定する前に必要となります。

## 2. パスワードなどを入力する

パスワードなどを入力し（❶）、＜OK＞
をクリックします（❷）。

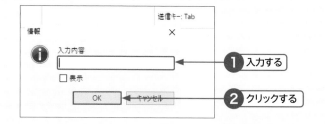

## 3. 完成したコマンドが登録される

コマンドが登録されているか確認しま
す。右のように入力されたパスワードな
どは表示されていません。

CHAPTER**3** Webのサービスで利用する

## 2 ログインボタンを押す

ログインボタンやサインインボタンをクリックするコマンドを登録することで、ログインのスクリプトが完成します。普段、ログインボタンをマウスでクリックしている人もいると思いますが、パスワード入力後に Enter を押すことでログインできるシステム画面も多いので、以下の手順でそのシステムに対応したコマンドをつくります。

**1. ＜キーボード＞の＜キー操作＞をクリックする**

＜キーボード＞をクリックして（❶）、＜キー操作＞をクリックします（❷）。

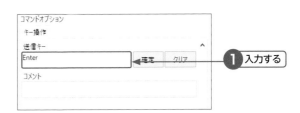

**2. 「コマンドオプション」の「送信キー」に＜Enter＞を入力する**

「コマンドオプション」の「送信キー」に＜Enter＞を入力して設定します。

**3. 完成したコマンドが登録される**

コマンドが登録されているか確認します。

マウスによるクリックも可能

もちろんマウスのクリックで「サインイン」を画像認識する設定も可能です。

確認
しよう  つくったスクリプトの動きを確認しましょう。

# LESSON 3-2 Webブラウザ上の情報をコピー＆ペーストする

パソコン業務ではテキストデータをコピーし、別のアプリケーションに貼り付ける作業が多くあります。今回はWebページ上のテキストデータをコピーし、エクセルファイルに貼り付けます。

 **❶＜ドラッグ＆ドロップ＞コマンドは2種類ある**

Webページ上のテキストデータをコピーしようと範囲選択するとき、私たちはマウス操作のドラッグ＆ドロップ（D&D）を使っています。D&Dは対象物を移動するときに使うイメージですが、範囲選択するときもマウス操作としては「左クリック」をしながら「マウスを動かす」と同じ動きをしています。ロボパットDXにおいて、D&Dには2種類のコマンドがあるので、それぞれのコマンドを紹介したあとに、コピーして貼り付けるまでのスクリプトを解説します。

## ⌨ 手作業での操作

**1.Webページの指定範囲を選択する**

コピーしたいテキストデータ部分の始点から終点までを、マウスの左クリックをD&Dしてコピーします（❶）。

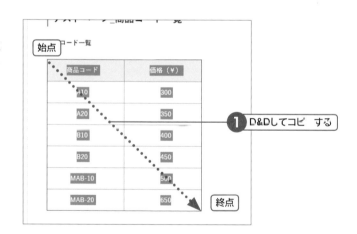

**2.エクセルにウィンドウを切り替えてペーストする**

起動しておいたエクセルのウィンドウに切り替えて、任意のセルにペーストします（❶）。

| | A | B | C | D |
|---|---|---|---|---|
| 1 | 商品コード | 価格（¥） | | |
| 2 | A10 | 300 | | |
| 3 | A20 | 350 | | |
| 4 | B10 | 400 | | |
| 5 | B20 | 450 | | |
| 6 | MAB-10 | 500 | | |
| 7 | MAB-20 | 650 | | |
| 8 | | | | |
| 9 | | | | |
| 10 | | | | |
| 11 | | | | |

❶ ペーストする

CHAPTER3 Webのサービスで利用する

78

❷<画像から指定位置へD&D>で始点と終点を設定する

##  ロボパットDXでの操作

### 1 D&Dで範囲選択する

Webページ上の「商品コード一覧」という範囲を選択するコマンドを、以下の手順でつくります。

1. <マウス>の<画像から指定位置へ
D&D>をクリックする

<マウス>をクリックして（❶）、<画像から指定位置へD&D>をクリックします（❷）。

2. コピーをしたい値の始点の画像をキャプチャする

コピーしたい値の始点の画像をドラッグしてキャプチャします（❶）。

> **POINT** ユニークな画像をキャプチャする
>
> 始点の細かい調整はあとで「座標指定」で微調整できるので、変化する可能性がある画像や似た画像は避けて、ユニークな画像をキャプチャします。

3. 画面が変わり緑線が表示されたら、終点の位置をクリックして指定する

画面が変わり緑線が表示され、マウスポインターを動かすことで終点の位置を指定できます。始点から終点までの範囲が、マウスでのD&Dと同じように、範囲選択できるようになります。コピーしたい範囲の終点をクリックすると（❶）、ロボパットDXのスクリプト作成画面に切り替わります。

> **POINT** 始点から終点の範囲＝座標指定の範囲
>
> 始点から終点で指定する範囲は、座標指定で選択する範囲と同じです。

79

**4. 始点を変更するため、最初にキャプチャ**
**したターゲット画像を選択する**

<ドラッグ＆ドロップ>コマンドを選
択して、手順2でキャプチャしたター
ゲット画像をクリックします（❶）。

---

**💡 POINT　範囲選択の際の注意**

デフォルトでは最初にキャプチャした画像の中心点が始点になります。今回のようにキャプチャ画像によっては、キャプチャし
たい文字が範囲選択に含まれないことがあるので、コピーしたいテキストをもれなく範囲選択できるように始点を調整する必要
があります。

---

**5. 始点の位置をコピーしたいテキストの**
**先頭に座標指定で変更する**

ここでは「商品コード」というテキスト
の先頭を始点として、座標指定で設定し
ます（❶）。<ターゲット周辺の画像を
取得して表示>をクリックして、画面全
体を表示しなくても座標指定の場所が明
確な場合は、「ターゲットオプション」
の状態で座標指定することができます。

**💬 補足　座標指定のクリア**

<リセット>をクリックすれば座標指定はクリ
アされ、デフォルトの中央点である赤い十字
が操作の対象となります。

**6. 終点を再度調整する**

始点を移動させると、終点も連動して移
動してしまいます。
今回のように、座標指定して指定位置が
ずれる場合は修正が必要です。

終点も始点と連動してずれる

「コマンドオプション」の＜リセット＞
をクリックします（❶）。

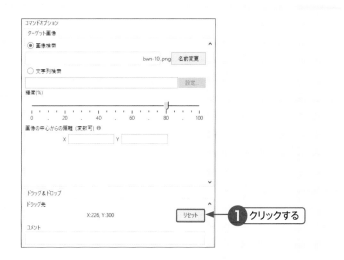

 クリックする

次は手順5で設定し直した始点から緑線
が表示されます。
終点と決めたところでクリックして
（❷）、再設定しましょう。

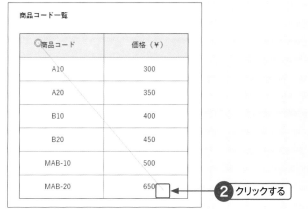

❷ クリックする

補足 終点も再設定できる

終点の指定を間違えてしまった場合も＜リ
セット＞をクリックすれば再設定できます。

確認
しよう
つくったコマンドの動きを確認しましょう。

選択実行　全実行　画像を　タブ追加　タブ削除　左へタブ　右へタブ　元に戻す
　　　　　　　検索　　　　　　　　　　を移動　を移動

**❸ ＜画像から画像へ D&D ＞で始点と終点を設定する**

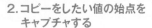
## 1 画像から画像へ D&D する

2パターン目である、画像から画像へD&Dするコマンドを、以下の手順でつくります。設定が異なるだけで、「画像から指定位置へD&D」のアウトプットと同じものになります。

**1. ＜マウス＞の＜画像から画像へ D&D ＞をクリックする**

＜マウス＞をクリックして（❶）、＜画像から画像へD&D＞をクリックします（❷）。

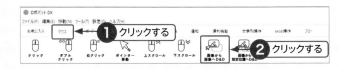

**2. コピーをしたい値の始点をキャプチャする**

P.79手順2を参考にコピーしたい値の始点の画像をドラッグして（❶）キャプチャします。

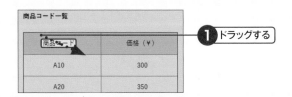

**3. 再度画面が暗くなるので、終点をキャプチャする**

再度画面が暗くなります。終点となる目印の画像をドラッグして（❶）、キャプチャします。

> **POINT** ユニークな画像をキャプチャする
>
> 始点と同じく、ユニークで変わらない画像を終点でもキャプチャします。
> ここでは「価格」は変動の可能性があるので、「商品コード」の項目をキャプチャします。

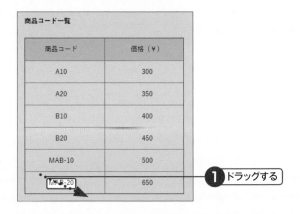

**4. 始点を変更するため、最初にキャプチャしたターゲット画像をクリックする**

始点と終点の画像が入ったコマンドが登録されます。始点を変更するため、最初にキャプチャしたターゲット画像をクリックします（❶）。

> **補足** 始点を変更する理由
>
> デフォルトではキャプチャした画像の中心点が始点になります。キャプチャ画像によっては、キャプチャしたい文字すべてが範囲選択に含まれないことがあるので、コピーしたいテキストをもれなく範囲選択できるように始点を調整する必要があります。

**5. 始点の位置をコピーしたいテキストの先頭に変更する**

始点の位置をコピーしたいテキストの先頭をクリックして（❶）、＜OK＞をクリックします（❷）。

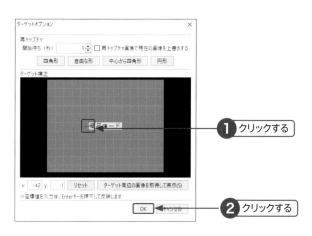

**6. 終点を変更するため、次にキャプチャしたターゲット画像をクリックする**

終点を変更するため、次にキャプチャしたターゲット画像をクリックします（❶）。

**7. 終点の位置を変更する**

今回の例では、「商品コード」の項目名だけではなく、「価格（¥）」の数字までコピーしたいので、＜ターゲット周辺の画像を取得して表示＞をクリックします（❶）。

**8. 周辺の画像が表示されるので終点を再設定する**

さきほど設定した終点の周辺の画像が表示され、緑の十字で終点の位置を再設定できます。終点の再設定位置をクリックして（❶）、＜OK＞をクリックします（❷）。

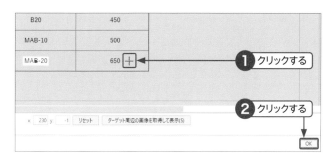

---

💡 **POINT** 終点は余裕をもって指定

今回のように数字をコピーする場合は、桁数が変わってコピーできる範囲からもれる可能性があります。指定するときに表示されている数字ギリギリの位置ではなく、少し離れた位置を余裕をもって指定するとエラーが起きづらく安定稼働しやすいでしょう。

---

**確認しよう** つくったコマンドの動きを確認しましょう。

選択実行　全実行　画像を検索　タブ追加　タブ削除　左へタブを移動　右へタブを移動　元に戻す

## 2 テキスト情報をコピーする

前述した2つのD＆Dのあとの共通操作です。範囲選択したテキストをコピーします。＜右クリック＞コマンドでコピーもできますが、コマンド数や作成スピードでいうと、ショートカットキーの Ctrl ＋ C を使ったほうが1つのコマンドの登録だけでかんたんに済みます。

### 1. 範囲選択する

前述した、＜画像から指定位置へD&D＞、もしくは＜画像から画像へD&D＞コマンドを実行すると、コピーしたいテキストが範囲選択された状態になります。

### 2. ＜キーボード＞の＜キー操作＞をクリックする

＜キーボード＞をクリックし（❶）、＜キー操作＞をクリックします（❷）。

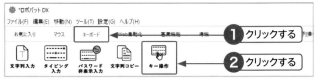

### 3. 「コマンドオプション」の「送信キー」に＜Ctrl＋C＞を入力する

「コマンドオプション」の「送信キー」に＜Ctrl＋C＞と入力して（❶）、＜確定＞をクリックします（❷）。

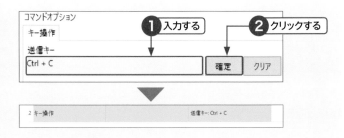

---

> 💡 **POINT** ショートカットキーの操作の表示

ショートカットキーを知らない場合も、右クリックでメニュー画面を見ると小さくショートカットキーの操作が表示されていることがあるので、その情報をもとに＜キー操作＞コマンドを登録することもできます。

**④＜ウィンドウ切り替え＞で画面を切り替える**

## ロボパットDX での操作

### 1 Webページからエクセルに切り替える

貼り付け先のエクセルが開いていることを前提として、Webページからエクセルにウィンドウを切り替えるコマンドを、以下の手順でつくります。ウィンドウの切り替えは、タスクバーで最前面に出したいアプリケーションを選択したり、 Alt ＋ Tab で選択したりする、などの方法がありますが、ロボパットDXでは、＜ウィンドウ切り替え＞というコマンドがあります。

**1.＜便利機能＞の＜ウィンドウ切り替え＞をクリックする**

＜便利機能＞をクリックし（❶）、＜ウィンドウ切り替え＞をクリックします（❷）。

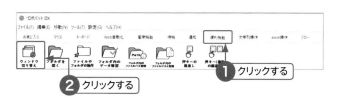

**2.ウィンドウタイトルを確認し、「コマンドオプション」で設定する**

ウィンドウタイトルを確認して、「コマンドオプション」の「ウィンドウタイトル」に入力します。ここでは、すでに開いているエクセルのタイトルを指定します。

> 💬 **補足 ウィンドウタイトルの確認**
>
> ページ上部のタイトル部分やタスクバーのアプリケーションアイコンにマウスを乗せて表示されるポップアップ画面などで、ウィンドウタイトルを確認できます。

---

💡 **POINT ウィンドウタイトル検索のポイント**

入力した内容とタイトルが一致するウィンドウを検索して切り替えるのですが、「ウィンドウ検索方法」を「タイトルを含む」にしていれば、以下のようにタイトルが長い場合でも「商品コード一覧」という部分一致で検索できます。

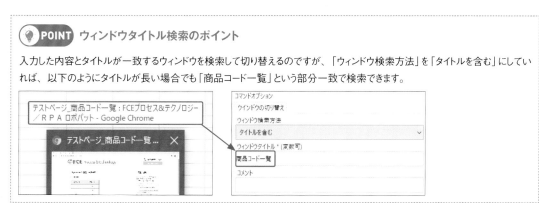

**POINT 入力の際の注意点**

大文字、小文字や半角全角、スペースの有無などを区別するため、ウィンドウタイトルは正確に入力してください。
また、タイトルが重複している場合はロボパットDXがどれを開くべきか判断できない原因となります。正しく機能しない場合は、フォルダ・ファイル・Web・システムなど開いている複数のアプリケーションでタイトルが重複していないか確認しましょう。

**3. エクセルに切り替える**

コピーした情報を貼り付けたいエクセルに切り替わります。

## 2 エクセルにペーストする

画面を切り替えて表示されたエクセルに、コピーしたテキストを貼り付けるコマンドを、以下の手順でつくります。
ここでも、ショートカットキーの Ctrl + V を使って＜キー操作＞コマンドだけでかんたんに登録します。

**1.＜キーボード＞の＜キー操作＞クリックする**

P.84手順2、3と同じように＜キー操作＞コマンドで「Ctrl + V」を設定します。

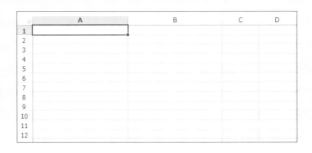

| キー操作 | 送信キー: Ctrl + V |

**2.コピーした情報を貼り付ける**

P.84「2 テキスト情報をコピーする」でコピーした情報が貼り付けられます。

| A | B |
|---|---|
| 商品コード | 価格（¥） |
| A10 | 300 |
| A20 | 350 |
| B10 | 400 |
| B20 | 450 |
| MAB-10 | 500 |
| MAB-20 | 650 |

## 3.完成したスクリプトを確認する

スクリプトが登録されているか確認します。2行目以降は同じスクリプトとなります。それぞれの方法で同じようにスクリプトが動くか確認しましょう。

〈画像から指定位置へD&D〉

| | コマンド | ターゲット画像 | 入力内容 | リトライ |
|---|---|---|---|---|
| 1 | ドラッグ＆ドロップ | X : 43 Y : 4 商品コード | X : 259, Y : 302 | |
| 2 | キー操作 | | 送信キー: Ctrl + C | |
| 3 | ウインドウの切り替え | | ウインドウ検索方法: タイトルを含む ウインドウタイトル: 管理表 | |
| 4 | キー操作 | | 送信キー: Ctrl + V | |

〈画像から画像へD&D〉

| | コマンド | ターゲット画像 | 入力内容 | リトライ |
|---|---|---|---|---|
| 1 | ドラッグ＆ドロップ | X : 50 Y : 2 商品コード | X : 256 Y : 1 MAB-20 | |
| 2 | キー操作 | | 送信キー: Ctrl + C | |
| 3 | ウインドウの切り替え | | ウインドウ検索方法: タイトルを含む ウインドウタイトル: 管理表 | |
| 4 | キー操作 | | 送信キー: Ctrl + V | |

---

**確認 しよう**　作ったスクリプトの動きを確認しましょう。

選択実行　全実行　画像を検索　タブ追加　タブ削除　左へタブを移動　右へタブを移動　元に戻す

# LESSON 3-3 Web自動化で動かす

Web操作をより速く、より便利に動かせる、Web自動化機能の基本的な使い方を確認しましょう。
ここでは、よく使う基本操作と、繰り返し処理を解説します。

CHAPTER3
Webのサービスで利用する

## ❶「Web自動化」とは

「Web自動化」は、よりかんたんに、より速くロボパットDXのコマンド、スクリプトをつくることができる機能です。専用の「記録用ブラウザ」上で、操作したいリンクや入力枠などにマウスのポインターを合わせると、対象に合わせたアクションが表示されます。必要なアクションを設定しながら自動化のコマンド、スクリプトを登録できます。

ブラウザの内部構造を読み取りながら設定するので、複数の似た画像が表示される場合や、画像の色が変化するような場合でも、指定した画像を認識精度高く読み取ることができ、スピーディな処理ができます。

たとえば、一覧情報がまとまっているWebページから情報を取得する必要がある場合は、「Web自動化」機能を利用すれば、高速かつ安定して情報を取得できるので、適した利用シーンといえます。操作の選択肢の1つとして試してみましょう。

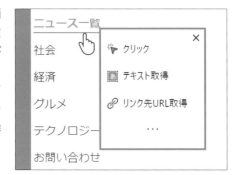

💬 補足 つくり方のイメージ

つくり方やくり返し処理などの動きのイメージを以下のWebページ (https://fce-pat.co.jp/command-introduction01/) の動画でご紹介しています。

⌨ 手作業での操作

### 1.Webページで検索する
Webページを開き、記事検索で「新着」と検索します（❶）。

日本型DX(デジタルトランスフォーメーション) を実現、自ら自動化する業務を広げられる人材を育成する「RPAロボパットマスター認定プログラム」を3月リリース予定

ロボパットのニュースです

## 2.記事をクリックする

表示されたニュース記事をクリックします（❶）。

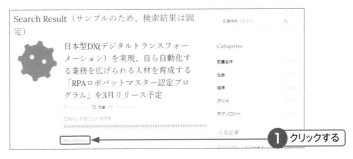

## 3.情報を取得する

表示されたWebページ上の記事タイトルと記事内の画像などの情報を取得します（❶、❷）。

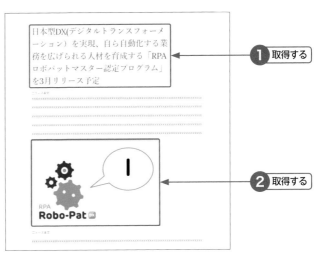

---

## ❷＜Web自動化＞で基本操作を行う

Web自動化の自動記録機能を使って、記事検索し、特定した記事のタイトルと画像を取得しましょう。この操作のコマンドを登録していきましょう。

### ロボパットDX での操作

### 1　＜Web自動化＞コマンドのブラウザで記録を設定する

＜Web自動化＞コマンドのブラウザで開きたいWebページのURLを設定して、記録用のブラウザを起動します。

1.＜Web自動化＞の＜Chromeで記録＞
　をクリックする

＜Web自動化＞をクリックし（❶）、
＜Chromeで記録＞をクリックします（❷）。

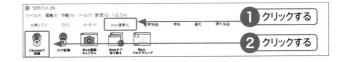

> **POINT** ＜IEで記録＞も使用可能
>
> 一部＜Chromeで記録＞のみに限定される設定はありますが＜IEで記録＞も使用できます。お使いのブラウザに合わせて設定してみてください。

## 2.Webページの指定をする

「Webページの指定」という画面が表示されたら、「URLを入力して記録用のブラウザを開く」の下の空欄に、開きたいWebページのURLを入力します（❶）。設定ができたら、＜記録を開始＞をクリックして記録用のブラウザでWebページを起動します（❷）。

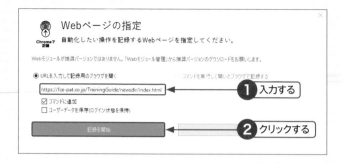

> **補足** ＜Chromeで記録＞のオプション
>
> ＜Chromeで記録＞では、ログインが必要なWebサイトのユーザーデータを保存できる機能がオプションとしてあります。

## 3.記録用ブラウザが起動する

記録用のブラウザが起動すると、左側に❶青い帯や、右上に❷ロボパットDXのアイコン、また右下に❸「ナビゲーションパネル」設定画面が表示されます。これらの画面が表示されたら、Web自動化でのコマンド登録を行っていきましょう。

> **POINT** 「ナビゲーションパネル」の設定
>
> 「ナビゲーションパネル」では、Webの1つ前のページに戻る動作や、開かれているタブを閉じる動作、繰り返し処理などを設定できます。

---

### 2 検索窓に＜テキスト入力＞をする

検索窓にテキストを入力します。

#### 1.検索窓にカーソルを指定して＜テキスト入力＞をクリックする

画面上でマウスのポインターを動かすと、自動的に操作可能な箇所を判別して、青枠の「アクションパネル」画面が表示されます（❶）。人が普段操作するときと同じように、検索窓にカーソルを指定して、次に行いたい＜テキスト入力＞をクリックします（❷）。

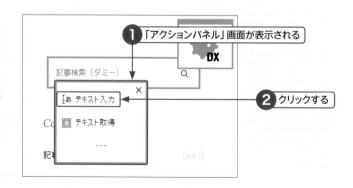

**POINT** 「アクションパネル」画面の設定

「アクションパネル」画面は、ポインターを合わせた対象が表示され、その対象に行うことができるアクションを表示してくれます。

**2.詳細設定画面で入力内容を設定する**

詳細設定画面が表示されるので、いちばん上の空欄に、検索ワードとして「新着」と入力します（❶）。また、このWebページの検索フォームではテキスト入力後に Enter を押すと検索が実行できるので、＜入力後にEnterキーを押す＞をクリックしてチェックを付けて（❷）、検索までの動作をまとめて実行できるように設定します。設定ができたら、＜OK＞をクリックして（❸）、設定内容を確定させます。

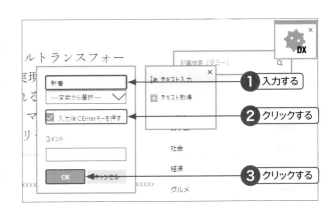

**3. コマンドが自動的に登録される**

＜OK＞をクリックして操作を確定させると、ブラウザの画面上でも操作が実行され、今回は検索結果が表示された画面に遷移します（❶）。

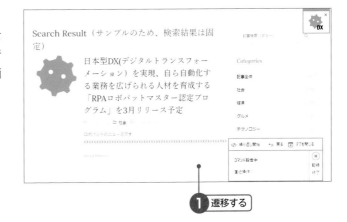

また、同時にコマンドテーブル画面にも自動的にコマンドが追加されます。ロボパットDXの作成画面にウィンドウを切り替えると、ここまで設定したスクリプトが自動的に登録されていることが確認できます（❷）。

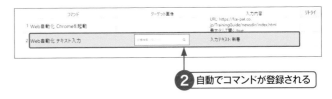

 **POINT** 登録内容の確認

記録用のブラウザが開いて設定している中でもコマンドテーブル画面を表示して登録内容を確認できます。

## 3 検索結果の記事をクリックする

検索結果として表示された記事をクリックします。

**1. 詳細設定画面で入力内容を設定する**

「Read more」にポインターを合わせて
＜クリック＞をクリックします（❶）。
ここでは＜通常のクリック＞で、コメン
ト欄に記載される操作対象を確認し
（❷）、問題なければ＜OK＞をクリック
します（❸）。

**2. コマンドが自動的に登録される**

ブラウザ上の画面で操作が実行され、記
事の詳細ページに遷移します（❶）。同
時にコマンドテーブルでもコマンドが追
加されていることを確認します（❷）。

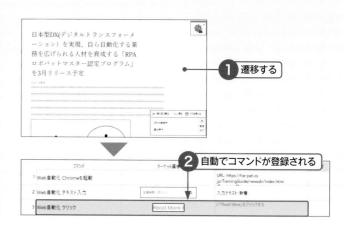

>  **補足** ＜通常のクリック＞以外
> の操作
>
> ＜通常のクリック＞以外に、Ctrl や Shift
> と組み合わせたクリックや、右クリック・ダブ
> ルクリックなどが選べます。

## 4 記事のタイトルを＜テキスト取得＞する

変数名を付けて、記事のタイトルをテキストデータとして取得します。

**1. ＜テキスト取得＞をクリックして変数名
を設定する**

記事タイトルにポインターを合わせて
＜テキスト取得＞をクリックし（❶）、
変数名に「★記事タイトル」と入力し
（❷）、＜OK＞をクリックします（❸）。
スクリプト作成画面では、テキスト取得
のコマンドが自動で作成されます。

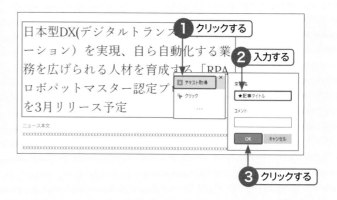

>  **POINT** 変数の設定
>
> 文字列コピーなどを追加しなくても変数の設
> 定ができます。

## 2. コマンドが自動で登録される

コマンドテーブル画面では、＜Web自動化テキスト取得＞コマンドが自動で登録されます（❶）。

❶ 自動でコマンドが登録される

---

## 5 記事内の画像を＜画像ダウンロード＞する

記事内の画像をダウンロードします。画像は指定フォルダに保存できます。

### 1. ＜画像ダウンロード＞をクリックして設定する

記事内の画像にポインターを合わせて＜画像ダウンロード＞をクリックし（❶）、＜OK＞をクリックします（❷）。

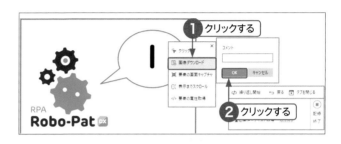
❶ クリックする
❷ クリックする

### 2. コマンドが自動で登録される

コマンドテーブル画面にコマンドが自動で追加されるのを確認します（❶）。

❶ 自動でコマンドが登録される

---

💡 **POINT** 画面の要素キャプチャ

ダウンロードがうまくいかない画像などは、「画面の要素キャプチャ」でも指定画像をキャプチャする形で保存できます。

💡 **POINT** 対象画像の取得

画像は、記事タイトルから少し下にスクロールしたところにありますが、＜スクロール＞コマンドを追加しなくてもブラウザ上に表示されていれば対象画像を取得できます。

---

💡 **POINT** 画像は指定のファイル名、フォルダに保存できる

取得した画像のダウンロード先フォルダとダウンロードファイル名を「コマンドオプション」で設定できます。右の例ではデフォルトの設定です。

---

## 6  Webブラウザを閉じてスクリプトを完成させる

Webブラウザを閉じます。閉じる操作も＜Web自動化＞コマンドで追加できます。

### 1.ナビゲーションパネルの＜タブを閉じる＞をクリックする

＜タブを閉じる＞をクリックすると（❶）、Web自動化終了と同時にWebブラウザが閉じます。

### 2.コマンドが自動で登録される

Web自動化が終了するのと同時に、コマンドテーブル画面にコマンドが自動で追加されるのを確認します（❶）。

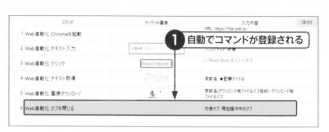

### 3.完成したスクリプトを実行する

作成したスクリプトを実行すると、ログで記事タイトルが取得できているほか、指定した保存場所・ファイル名で画像がダウンロードできていることを確認できます（❶）。

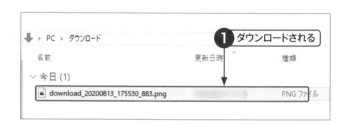

> 💬 **補足**　Web自動化の終了
>
> 「タブを閉じる」コマンドを追加しなくてもよい場合は、＜記録終了＞をクリックしてWeb自動化を終了することができます。

---

## ❸＜Web自動化＞で繰り返し処理を行う

「ナビゲーションパネル」のWeb自動化の繰り返し機能を組み合わせると、Webサイトで紹介している情報を一覧表示しているWebページなどを高速スクレイピングによって情報取得できます。
ここでは、複数ページにわたって一覧表示されているニュース記事Webサイトの「記事タイトル」を全件取得するコマンド、スクリプトの設定を例に紹介します。

### 🔧 ロボパットDXでの操作

### 1  繰り返し処理開始箇所で、「繰り返し範囲」の設定をする

繰り返しの設定を行います。まずは、繰り返し操作を行う範囲を決めるための設定を以下の手順で行います。

## 1. ＜繰り返し開始＞をクリックする

繰り返し処理を行いたい箇所で、＜繰り返し開始＞をクリックします（**❶**）。

## 2. 繰り返す範囲の設定を行う

同じ処理を繰り返せる範囲は点線枠で表示されるので、ポインターをあわせて指定します。必要な情報がすべて含まれるように、「アクションパネル」画面の＜繰り返す回数＞（**❶**）や＜選択範囲の拡大縮小＞（**❷**）を使って調整します。設定できたら＜決定＞をクリックします（**❸**）。

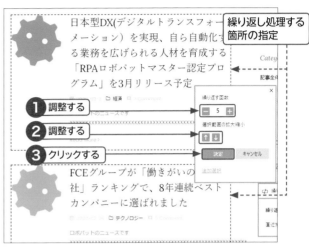

**💬 補足 繰り返す回数**

今回は1ページあたり5件のデータなので繰り返す回数も5件と表示されています。

## 3. 次ページを読み込む方法を設定する

「繰り返す範囲の指定」画面が表示されるので、指定範囲が1ページに収まらない場合は、次のページを読み込むための設定を行います。今回のWebサイトは複数ページあるので、＜いいえ、範囲の指定を続けます＞をクリックします（**❶**）。

続けて「ページの読み込み方」について選択する画面が表示されるので、プルダウンで指定します。今回のWebページはリンクをクリックすることで次のページに移動できるので、＜クリックして次のページへ移動＞を選択し（**❷**）、＜OK＞をクリックして画面を閉じます（**❸**）。

**💬 補足 次ページへの移動**

リンクをクリックして次のページに移動するほか、クリックやスクロールでコンテンツを読み込む設定もあります。

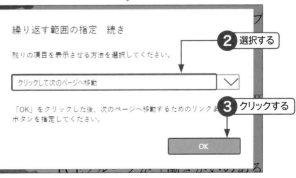

## 4. 次ページに移動するための操作を設定する

Webページの表示に戻るので、ページのいちばん下に配置されていることの多い、「次のページに移動する」リンクにポインターをあてます。＜ここをクリック＞が表示されるので、クリックして指定します（❶）。

この操作だけで、全ページ同様に処理してくれます。

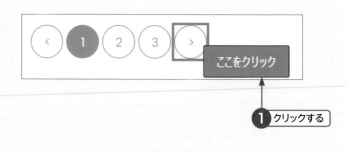

**❶ クリックする**

## 5. 繰り返す範囲の指定を完了する

完了画面が表示されるので、＜OK＞をクリックします（❶）。

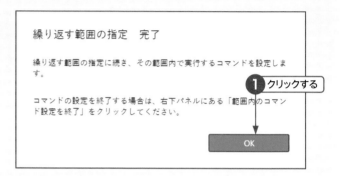

**❶ クリックする**

> **⚫️⚫️⚫️ 補足　複数件のデータの取得**
>
> 複数件のデータを取得したい場合は、手順通りに続けて必要な操作を登録するだけで設定できます。

## 2　「繰り返したい操作」の設定をする

繰り返し範囲の設定が終わったあとに、繰り返し範囲内で行いたい操作を設定します。
ここではニュースの記事タイトルをテキスト取得する設定を以下の手順で行います。
1件分の処理を設定すると、繰り返し範囲分すべて設定されます。

## 1. 記事タイトルにポインターを合わせて繰り返し範囲を確認する

1つの記事タイトルにポインターを合わせると、記事タイトルすべてに青枠が表示されます（❶）。繰り返し回数が正しく設定されているか確認します（❷）。
今回は1ページ5件の記事で繰り返し回数は「5」となっています。
確認後、＜決定＞をクリックします（❸）。

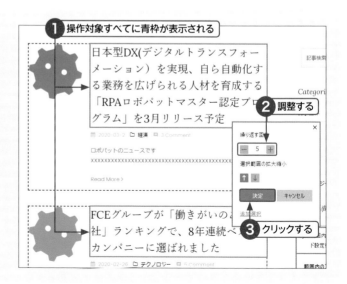

**❶ 操作対象すべてに青枠が表示される**

**❷ 調整する**

**❸ クリックする**

## 3　すべての設定を完了させる

繰り返し設定を終了させる設定を以下の手順で行います。

### 1.繰り返し処理を終了する

繰り返しに必要な処理をすべて設定した
ら、<範囲内のコマンド設定を終了>を
クリックします（❶）。
すべての処理を終了してWebサイトを
閉じるため、<タブを閉じる>をクリッ
クし（❷）、Web自動化の設定を終えま
す。

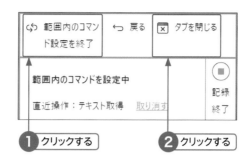

❶ クリックする　　　❷ クリックする

---

💬 **補足** 別の操作もあとで登録できる

繰り返し処理後に、別の必要な操作があれば、<範囲内のコマンド設定を終了>をクリックしたあとに、続けて操作を登録
できます。

---

### 2.完成したスクリプトが登録される

ここまでの設定を行うと、右のようなス
クリプトが完成します（❶）。

❶ スクリプトが登録される

スクリプトを実行すると、今回取得した
い記事タイトルの情報が以下のように
CSVファイルで出力できます。

---

💬 **補足** 出力先のフォルダの指定

登録されたスクリプトの<繰り返し開始>コマンドでは、「コマンドオプション」からCSVファイルの出力先フォルダや保存する
ファイル名の指定ができます。

---

💡 **POINT** ほかのコマンドをWeb自動化と組み合わせて使う

Web自動化機能では、ほかのマウスやキーボード、待機など、別のコマンドを組み合わせて動かすこともできます。操作の途中に
Webページ外の画面やボタンの操作をしなければいけない場合は、作成中のスクリプトを表示させて通常通りコマンドを追加できます。
また、Web自動化では自動的に操作の待機やリトライを含んだコマンドが設定されますが、待ち時間が足りない場合は、待機コマンド
を追加して微調整するとより安定して動かせます。

Webのサービスで利用する

CHAPTER

4

# エクセルで利用する

# LESSON 4-1 セルを指定する

業務上多く使われるエクセルでの操作をロボパットDXで試しましょう。もっとも基本の操作「セルの指定」を行う3つの方法を解説します。

## ❶＜セルの移動＞でセルの番地を指定する

ここでは、エクセルファイルの中で、商品コード「A10」の価格情報が入ったセル（300）を選択します。

### ⌨ 手作業での操作

**1.セルを指定する**

今回指定したいセルはB3です。そのままセル番地を指定するコマンドを、以下の手順でつくります。

> **💡POINT セル番地を指定する**
>
> 指定したいエクセルの情報が、必ずこのセルにあるとわかっている場合は、セル番地を指定することで確実に動作してくれます。

| A | B | C |
|---|---|---|
| **商品コード一覧** | *このセルを指定する* | |
| 商品コード | 価格（¥） | |
| A10 | 300 | |
| A20 | 350 | |
| B10 | 400 | |

### ⚙ ロボパットDXでの操作

**1 セルを設定する**

**1.＜excel操作＞の＜セルの移動＞を追加する**

＜excel操作＞をクリックして（❶）、＜セルの移動＞をクリックします（❷）。

**100**

## 2 「コマンドオプション」画面で指定したいセル情報を設定する

### 1.「列」と「行」を追加する

<参照>をクリックして使用するファイルを登録し、ファイルパスを設定します（❶）。「列」と「行」に指定したいセルの情報をそれぞれ入力します（❷）。

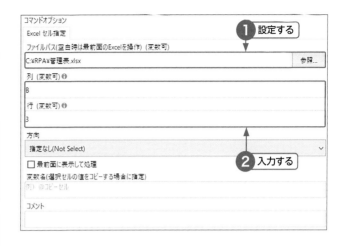

 **補足** ファイルパスとは

ファイルがある場所を示す文字列のことです。

 **補足** 列・行とは

列・行の情報を入力します。スペースなどが入るとエラーの原因となるので、アルファベット・数字のみで正しく情報を入力します。

### 2.完成したコマンドが登録される

コマンドが登録されているか確認します。

| 確認 しよう | つくったコマンドの動きを確認しましょう。 | ▷ ▷ 🔍 👤 👤 ⬅ ➡ ↩ 選択実行 全実行 画像を検索 タブ追加 タブ削除 左ヘタブを移動 右ヘタブを移動 元に戻す |

💡 **POINT** ファイルパスを設定せずに動かす方法もある

ファイルパスを空欄にするかわりに、「最前面に表示して処理」にチェックを付けると、そのとき開いていて、最前面に表示しているエクセルファイルを操作できます。複数のエクセルファイルを開いている場合は、操作対象ファイルを指定し、安定稼働させるためファイルパスの設定をおすすめします。

POINT 「excel 操作」はほかにもある

「オペレーションツールバー」の「excel 操作」の中には、ファイルパスとセル情報やシート情報を指定するコマンドがあり、設定するだけで便利に使うことができます。

また、＜ツール＞→＜プラグイン＞→＜excel＞の順にクリックすると、「オペレーションツールバー」のボタンとして表示されていない機能も確認できるので、使ってみてください。

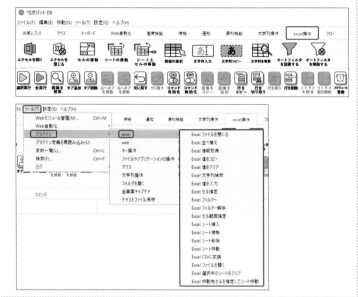

---

 ❷「クリック（画像認識）」で指定する

「クリック（画像認識）」で指定するコマンドを、以下の手順でつくります。セルの場所が変動する可能性があるときは、表示される画像を追いかけて指定できるのでおすすめです。

🔧 ロボパット DX での操作

**1** セルを指定する

**1.キャプチャ画像を追加する**
クリックしたい画像（ここでは＜価格＞）をドラッグしてキャプチャします（❶）。

💬 補足　変わりづらい目印の画像をキャプチャする

B3の「300」が入ったセルをクリックしたいのですが、価格が変動する可能性もふまえて「項目名（価格）」をキャプチャします。本当にクリックさせたい位置はのちほど座標指定します。

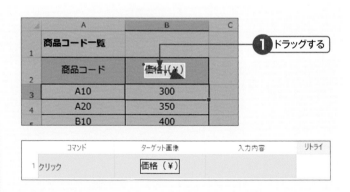

## 2.「ターゲットオプション」画面で<ターゲット周辺の画像を取得して表示>をクリックする

「ターゲットオプション」で<ターゲット周辺の画像を取得して表示>をクリックします（❶）。クリックしたいのは「価格（¥）」の下のセルなので、座標指定します。

## 3.座標指定で、クリック箇所を再度指定する

クリックさせたいセルの位置をクリックして指定し、緑の十字を付けます（❶）。

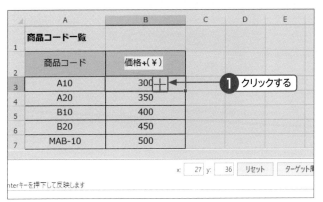

指定できたら、<OK>をクリックします（❷）。

---

💡 **POINT** キャプチャで座標指定する

<文字列入力>を使って入力時に座標指定を使いましたが、クリックでも使う機会が多くあります。本来クリックさせたいものが区別できない場合は、近くの目印となるユニークな画像をキャプチャして座標指定しましょう。

---

## 4.完成したコマンドが登録される

コマンドが登録されているか確認します。

---

| 確認 しよう | つくったコマンドの動きを確認しましょう。 |  |
| --- | --- | --- |

❸＜キー操作＞で指定する

## ⌨ 手作業での操作

### 1. セルを右に1回、下に2回移動する

たとえば、最初A1のセルが選択されている状態から、B3を選択したいのであれば、十字キーで右に1回（❶）、下に2回移動すれば（❷）選択したいセルにたどり着きます。このような、キー操作で指定するためのスクリプトを、以下の手順でつくります。

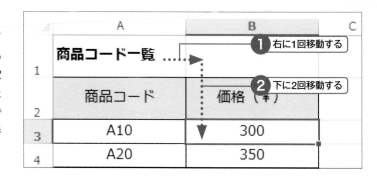

## ⚙ ロボパット DX での操作

### 1 セルを指定する

**1.＜キーボード＞の＜キー操作＞をクリックする**

＜キーボード＞をクリックして（❶）、＜キー操作＞をクリックします（❷）。

**2.「コマンドオプション」の「送信キー」に「右」を入力する**

「コマンドオプション」の「送信キー」に十字キーの「右」を入力して（❶）、＜確定＞をクリックします（❷）。

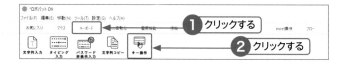

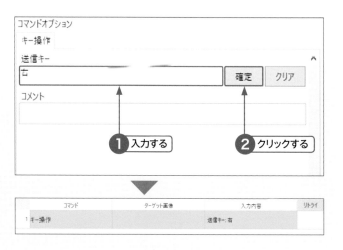

**3.＜便利機能＞の＜押キーの繰返し＞を追加する**

次に下に2回セルを移動させます。＜便利機能＞をクリックして（❶）、＜押キーの繰返し＞をクリックします（❷）。

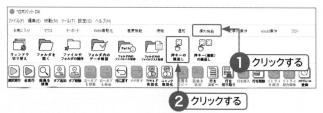

⚡ POINT 「押キーの繰返し」の特長

＜キー操作＞は、同じキーボード操作をくり返したいとき、くり返し回数分コマンドを追加しなければいけません。「押キーの繰返し」では、1つのコマンドでくり返し回数分を一括登録できます。また、コマンドオプション内で1操作ごとの待機時間を設定できるので、デフォルトの0秒であれば、キー操作を必要回数分並べるよりも早く操作ができます。

## 4. 「キーの繰返し操作」を設定する

＜押キーの繰返し＞コマンドが登録されるので、「コマンドオプション」にある「キーの繰返し操作」タブの「キー」をクリックします（❶）。プルダウンメニューが表示されるので、＜Down＞をクリックします（❷）。「繰り返し回数」には「2」を入力します（❸）。

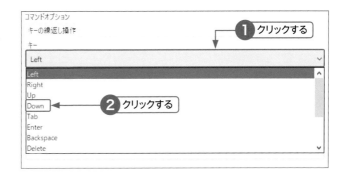

## 5. 完成したコマンドが登録される

コマンドが登録されているか確認します。

確認
しよう

つくったコマンドの動きを確認しましょう。

# 変数を使って コピー&ペーストをする

変数を使ったコピー&ペーストの練習をしましょう。今回はエクセルのセル情報をコピーして、Webの入力画面にペーストします。

## ⚙ ❶変数を設定してコピー&ペーストをする

ロボパットDXでは「変数」の設定を使うことで、コピーしたい情報をまとめてコピーし、貼り付け先でまとめてペーストできます。今回使っているエクセルに限らず、どんなアプリケーションでも同じようにまとめてコピー、まとめてペーストができますので、「変数」という考え方も含めて、使い方を練習しましょう。

ここでは、エクセルの商品コードと価格の情報をWebページの登録画面にコピー&ペーストする例で解説していきます。エクセルとWebページがすでに開いていることが前提です。

### ⌨ 手作業での操作

**1.セルをコピーする**

エクセルファイルの商品コードをコピーします（❶）。

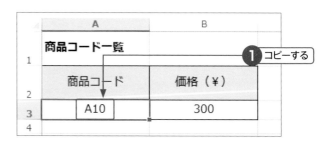

**2.Webページに切り替える**

コピーがすべて終わったら、ペーストするためにエクセルからWebページに切り替えます。

○商品コード・価格登録

＜商品コード＞

＜価格＞

登録

## 3.Webページに商品コードをペーストする

Webページの「商品コード」に商品コードをペーストします（❶）。

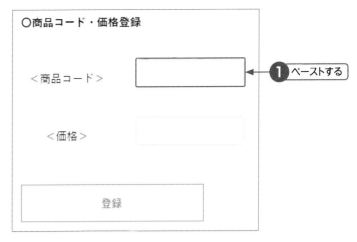

## 4.セルをコピーしてペーストする

エクセルファイルに切り替えて、価格をコピーして（❶）、同様にWeb画面に切り替えてペーストします。

このように、手作業では、コピー→切り替え→ペースト→切り替え→コピー→切り替え→ペースト…というように、コピーとペーストのたびに毎回「切り替え操作」を挟む必要があります。

一方、ロボパットDXの操作では、コピー→コピー→切り替え→ペースト→ペースト…と、コピー&ペーストをまとめて行うことができます。

---

**POINT** 切り替えの手数

ロボパットDXの操作手順では、切り替えが1回だけです。今回の例は商品コードと価格のデータが1つずつですが、データ数が多いほど切り替えの手数を減らすことができます。

---

## 1 エクセルの商品コード・価格情報をコピーする

エクセルから商品コード・価格情報をコピーするためのスクリプトを、以下の手順でつくります。商品コードと価格情報のセルを指定した状態を前提に解説します。セルの指定についてはP.100を参照してください。

### 1. <キーボード>の<文字列コピー>を追加する

まずは商品コードをコピーするため<キーボード>をクリックして(❶)、<文字列コピー>をクリックします(❷)。

💬 **補足** ショートカットキーは使用しない

まとめてコピーとまとめてペーストをするときには、キー操作で Ctrl + C 、 Ctrl + V は使いません(キー操作の場合は、手作業のコピー&ペーストと同じ1回きりのコピーとなります)。
ここでは、変数の設定が含まれる文字列コピーを使います。

### 2. 「コマンドオプション」で「変数名」を設定する

変数名を入力して設定します(❶)。ここでは「★商品コード」と設定しています。「変数」についての考え方はP.113でくわしく解説しますが、今回の文字列コピーでは「コピーした情報に名前を付けて保存する」とまずはとらえてください。この設定で、複数の情報をまとめてコピーできるようになります。

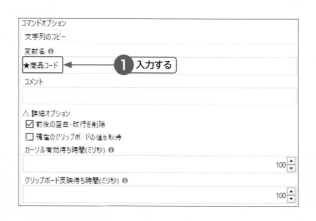

💬 **補足** 「★」について

「★」はあってもなくても構いません。変数として設定している情報を見分けるために記号を付けるとよいでしょう。

💡 **POINT** ペースト時のエラーを防ぐ

「前後の空白・改行を削除」は、デフォルトでチェックがついています。チェックしたままにすることで、セルをコピーする場合などに含まれる改行コードや、不要な空白を自動で削除し、ペースト時のエラーを防ぐことができます。

CHAPTER4 エクセルで利用する

「変数名」は、任意でわかりやすいものに設定します。たとえばその情報のカテゴリ、今回でいう表のタイトルや入力先の項目名などに合わせるなど、取得した情報をあとで入力する際に何の情報かがわかるようなものがおすすめです。

### 3.＜キーボード＞の＜キー操作＞で＜右＞を設定する

次に、価格情報をコピーするため右に1回セルを移動させるコマンドをつくります。＜キーボード＞をクリックして、＜キー操作＞をクリックし、「送信キー」に「右」を設定します。

### 4.文字列コピーで「変数名」を設定する

エクセルから価格の情報をコピーするためのコマンドをつくります。さきほどの商品コードの＜文字列コピー＞とは異なる変数名で設定します。＜キーボード＞の＜文字列コピー＞を追加し、変数名を設定します（❶）。

 ## ❷変数を使って取得した文字列を入力する

### 1 Webページへの切り替えを設定する

コピーがすべて終わったら、ペーストするためにエクセルからWebページに切り替えます。Webページに切り替えるコマンドを、以下の手順でつくります。

### 1.＜ウインドウの切り替え＞を追加する

Webページに切り替えるため、＜便利機能＞をクリックして（❶）、＜ウィンドウ切り替え＞をクリックして（❷）、「ウィンドウタイトル」を設定します。ここでは「ウィンドウタイトル」に「テストページ」を設定します（❸）。

## 2 Webページに商品コード・価格情報を<文字列入力>でペーストする

<文字列コピー>で変数を使ってコピーした場合は、<文字列入力>を使ってペーストしていきます。
Webページの商品コードと価格情報の欄に取得した情報を入力するためのコマンドを以下の手順でつくります。

---

**POINT 画像を表示して操作を追加する**

Webページの画像が表示された状態で操作を追加します。画像のキャプチャが必要なコマンドは、操作対象画面を表示させてから
コマンドボタンをクリックして操作を追加しましょう。

---

**1.<キーボード>の<文字列入力>を追加する**

<キーボード>をクリックして(❶)、
<文字列入力>をクリックします(❷)。

**2.入力箇所の目印となる画像をキャプチャする**

入力枠は2箇所あるので、商品コード入力の目印となる<商品コード>をドラッグしてキャプチャします(❶)。

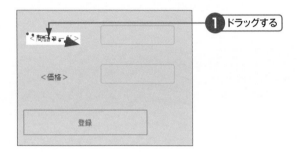

**3.入力内容を設定する**

変数名を入力して(❶)、<OK>をクリックします(❷)。

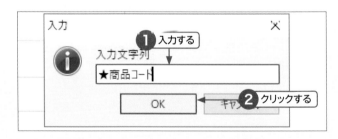

---

**補足 変数名を入力する**

実際にコピーしたセルの「300」という値ではなく、文字列コピーで設定した変数名の「★商品コード」を入力します。

---

**POINT 変数でアウトプットする**

「変数で取得した情報は変数を使ってアウトプットする」ことがポイントです。

## 4.「ターゲットオプション」で、入力箇所を座標指定する

キャプチャした画像をクリックしたら表示される「ターゲットオプション」で＜ターゲット周辺の画像を取得して表示＞をクリックします（❶）。

商品コードを入力する枠内をクリックし、緑の十字を付けます（❷）。指定できたら＜OK＞をクリックします（❸）。

## 5.＜キーボード＞の＜キー操作＞で＜Tab＞を設定する

Webページの商品コード欄から価格情報欄に移動させるために Tab をキー操作するコマンドをつくります。価格情報欄にカーソルを移動させるために、＜キーボード＞をクリックして、＜キー操作＞をクリックし、「送信キー」に「Tab」を設定します。

| キー操作 | 送信キー: Tab |

## 3 Webページに価格情報を<文字列入力>でペーストする

価格情報欄に取得した情報を入力するためのコマンドを、以下の手順でつくります。

**1.<キーボード>の<文字列入力>を追加する**

<キーボード>をクリックして(❶)、
<文字列入力>をクリックします(❷)。
価格も同じく、変数を使って「文字列コピー」を使った場合は、「文字列入力」を使ってペーストしていきます。

**2.[Esc]でキャプチャを回避する**

<文字列入力>をクリックするとキャプチャ画面になりますが、今回は[Esc]を押してキャプチャを回避します。

---

> **💡POINT** キャプチャなしでも入力できる
>
> 入力の際のキャプチャは、入力箇所を指定するためのものですが、今回❷で価格情報欄にカーソルを移動させています。カーソルが当たっている=入力先がすでに指定されている、ということでキャプチャはしなくても入力することができます。

---

**3.完成したコマンドが登録される**

❶~❸でつくったスクリプトが登録されているか確認します。

---

> **確認しよう** つくったスクリプトの動きを確認しましょう。エクセルの商品コード(「A10」のセル)が選択された状態で実行します。

## 補足　「変数」を使って便利につくる

変数とは、「名前の付いたクリップボード」のようなものです。

通常のコピー&ペーストでは、「クリップボード」という1つの大きな箱があり、この中にコピーしたデータを上書保存していくため、「りんご」、「スポーツカー」、「12月」というテキストを入力順でコピー&ペーストすると、「12月」と最後にコピーしたデータだけが貼り付けられます。

ロボパットDXでは右のようにクリップボードに「変数」という名前を付け、いくつも保持することができます。

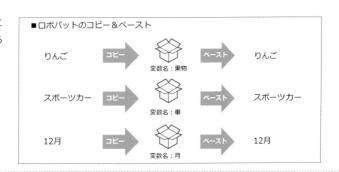

### 変数の使用例

エクセルを開き、「りんご」と入力されたA1セルにカーソルを合わせ、以下のようなコマンドを実行してみると、1つ下のA2セルには、「果物」ではなく「りんご」と入力されます。

<文字列入力>などのコマンド入力欄に変数名を記載すると、保存されたデータを呼び出し、置き換えてくれます。

コピーできていない、「変数名」にデータが保存されていない場合は、「果物」とそのままの文字列が出力されます。

| | コマンド | ターゲット画像 | 入力内容 |
|---|---|---|---|
| 1 | 文字列のコピー | | 変数名:果物 |
| 2 | キー操作 | | 送信キー:下 |
| 3 | 文字列入力 | | 入力内容:果物 |

| A2 | ▾ | : | × | ✓ | fx | りんご |
|---|---|---|---|---|---|---|

| | A | B | C | D | E |
|---|---|---|---|---|---|
| 1 | りんご | | | | |
| 2 | りんご | | | | |
| 3 | | | | | |

## 補足　変数名の指定と入力

「文字列コピー」の変数名には、「果物」とデータと関連付けて覚えさせたい変数名を入力します。「文字列入力」の入力内容には、「果物」とデータが入った変数名を指定します。

エクセルで利用する

CHAPTER

# 5

# 繰り返しや条件分岐で
# さらに自動化させる

# LESSON 5-1 繰り返しを設定する

これまでの基本操作を組み合わせて「繰り返し処理」を設定してみましょう。繰り返しで使用頻度の高い＜Until＞と＜Data＞のコマンドを解説します。

## ❶＜Until（画像が出現するまで繰り返し）＞で設定する

何度も同じ作業を繰り返している業務は、「量が多くて面倒な作業」として、ロボパットDXの自動化対象になりやすい業務です。

以下のような作業を＜Until（画像が出現するまで繰り返し）＞のスクリプトで行う例を紹介します。なお、Webページとエクセルファイルが開いていることが前提です。

### ⌨ 手作業での操作

**1.エクセルのデータをコピーする**

データをコピーし（❶）、Webページに切り替えます（❷）。

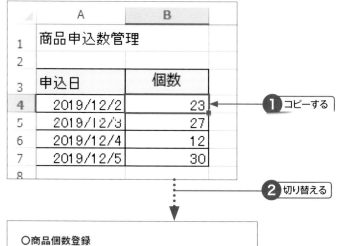

**2.Webページに入力し、＜登録＞をクリックする**

Webページの「商品個数」に入力し（❶）、＜登録＞をクリックします（❷）。

手順❶〜❷の処理を、データがなくなるまで繰り返し行います。

## ロボパットDXでの操作

### 1 繰り返しのベースとなるスクリプトをつくる

まずは、繰り返しのベースとなるスクリプトを以下の手順でつくります。

**1.コマンドを設定する**
右の画像を参照に、1件の処理に必要な
コマンドを設定します。

❶エクセルのセルを指定する
❷変数名を設定する
❸Webページへの切り替えを設定する
❹入力内容を設定する
❺クリック操作を設定する

| | コマンド | ターゲット画像 | 入力内容 |
|---|---|---|---|
| ❶ | 1 Excel セル指定 | | 列: B<br>行: 4 |
| ❷ | 2 文字列のコピー | | 変数名: ★商品個数 |
| ❸ | 3 ウインドウの切り替え | | ウィンドウ検索方法: タイトルを含む<br>ウィンドウタイトル: テストページ |
| ❹ | 4 文字列入力 | X:130 Y:1 商品個数 | 入力内容: ★商品個数 |
| ❺ | 5 クリック | 登録 | |

**2.繰り返しに必要なコマンドを設定する**
上記❶～❺を経て、Webページでの登
録が終わったら、エクセルに戻り、次に
コピーをするセルを指定する、というコ
マンドを追加する必要があります。この
ような繰り返し処理をする場合は、1回
分に必要な操作にプラスして「つなげて
動かす」ためのコマンドを追加する必要
があります。

❻エクセルへの切り替えを設定する
❼セルを移動させる操作を設定する

| | コマンド | | 入力内容 |
|---|---|---|---|
| ❻ | 6 ウインドウの切り替え | | ウィンドウ検索方法: タイトルを含む<br>ウィンドウタイトル: 管理表 |
| ❼ | 7 キー操作 | | 送信キー: 下 |

> **補足** ❷と❹は＜キー操作＞でもOK
>
> コピー＆ペーストは＜キー操作＞の Ctrl + C ・ Ctrl + V
> の方が＜文字列コピー＞と＜文字列入力＞よりも軽く動作
> します。❷❹は一度に何度もコピーをする必要がなく、1回
> だけのコピー＆ペーストなので、＜キー操作＞で Ctrl + C ・
> Ctrl + V を使っても大丈夫です。

> **POINT** スクリプトごとに分けて登録する
>
> コピーの項目が多くなった場合も、最後にコピーしたセルか
> ら、次の行の最初のセルを指定するためにはどうすべきかを
> 考えましょう。「つなげて動かす」操作には、十字キーやショー
> トカットキー、＜押キーの繰返し＞を多く使い対応します。

＜Until＞を追加し、繰り返し条件を設定するスクリプトを、以下の手順でつくります。

**1.＜フロー＞の＜Until＞を追加する**

＜フロー＞をクリックして（❶）、＜Until＞をクリックします（❷）。

前手順で設定したスクリプトの最後に＜出現まで繰り返し開始＞と、＜出現まで繰り返し終了＞という2行が追加されます（❸）。

繰り返し処理するためには、繰り返したいスクリプトを、＜出現まで繰り返し開始＞と、＜出現まで繰り返し終了＞で挟み込みます。

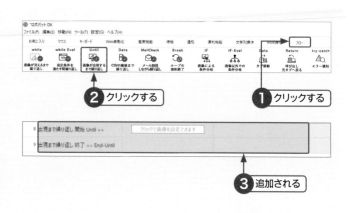

**2.＜Until＞の間に繰り返したい処理を入れる**

スクリプト内で「1回だけ必要な操作」と「繰り返して毎回必要な操作」を確認します。

今回の1行目＜Excelセル指定＞は、最初のセルを指定するのに必要な操作で、繰り返す必要はありません。

| | コマンド | ターゲット画像 | 入力内容 | リトライ |
|---|---|---|---|---|
| 1 | Excel セル指定 | | 列: B<br>行: 4 | |
| 2 | 出現まで繰り返し 開始 Until >> | クリックで画像を設定できます | | |
| 3 | 文字列のコピー | | 変数名:★商品個数 | |
| 4 | ウィンドウの切り替え | | ウィンドウ検索方法: タイトルを含む<br>ウィンドウタイトル: テストページ | |
| 5 | 文字列入力 | X:130 Y:1 商品個数 | 入力内容:★商品個数 | |
| 6 | クリック | 登録 | | |
| 7 | ウィンドウの切り替え | | ウィンドウ検索方法: タイトルを含む<br>ウィンドウタイトル: 管理表 | |
| 8 | キー操作 | | 送信キー: 下 | |
| 9 | 出現まで繰り返し 終了 << End-Until | | | |

> **POINT** 繰り返し処理の範囲を確認する
>
> B4セルの指定を繰り返し処理の範囲内に含めると、この部分の操作だけを延々と繰り返してしまいます。今回繰り返したいのは「コピーして画面を切り替えて貼り付けてエクセルにもどる」という処理の部分です。

**3.＜Until＞に設定する繰り返し条件を考える**

次に、追加した＜Until＞のコマンドにどのような繰り返し条件を設定するかを考えます。

ExcelのB4からB7のセルまで繰り返し処理を行い、画像のように「データが空のセルになったら」処理を終了したいです。＜Until＞のコマンドの画像の部分に「空のセルの画像が出てきたら処理を止める」という条件を設定します。

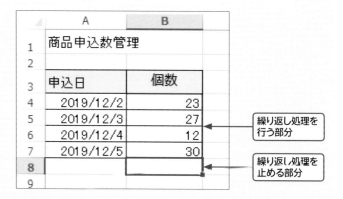

そこで、データが空になったと判断するために、数式バーの「fx」と隣の空欄部分に注目します。セルにデータがある場合は、セルを指定すると空欄部分にデータが表示されますが、セルのデータが空になった場合は、空欄になります。

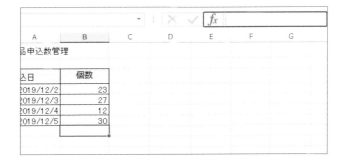

## 4.＜Until＞の画像を設定する

＜クリックで画像を設定できます＞をクリックします（❶）。

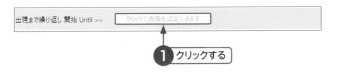

❶ クリックする

「fx」の部分と隣の空欄部分を少し含めて画像をキャプチャします。
「fx」と本来文字が表示される空欄部分を画像としてキャプチャすることで、データが空になったことを画像で判断することができます。

💡 POINT  ＜While＞による設定

＜While＞も＜Until＞と同様に、画像を使って繰り返し設定ができます。＜While＞は＜Until＞と反対の発想で、画像が出ている間は処理をし続けます。止める処理は、このあと説明するIf（条件分岐）を組み合わせて設定します。

### 5.＜Until＞の画像精度を調整する

＜Until＞の画像を設定したら、＜画像を検索＞をクリックします（❶）。

クリックする ❶

＜画像を検索＞をクリックすることで、登録した画像をロボパットDXがどれくらい認識しているかがわかります。

今回のように「セルのデータが空になるまで」として設定した画像の場合、エクセルは空白の画像が多いため、設定した画像をピンポイントで探し出すことができず、候補画像が複数表示されてしまうことがあります（画像の指定方法にもよります）。

同様に、指定した画像以外も候補画像として黄色く表示されている場合、精度を高める必要があります。

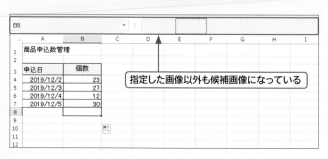

指定した画像以外も候補画像になっている

精度を高めるには、＜Until＞の「コマンドオプション」の精度を調整し、100％に近づけます（❷）。

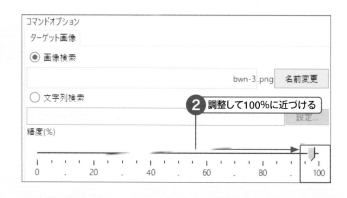

❷ 調整して100％に近づける

このとき設定した精度は、コマンド上にも表示されます。

表示される

**POINT** 精度を調整する時の注意点

精度を高めるときは、すべて100％にすればよいというわけではありません。100％はデジタル画像として完全一致となるため、人の目にはわかりづらい画像の変化もすべて認識してしまいます。「.（ドット）」が入る・フォントが欠けてしまう、など些細な変化でも完全一致とはならず、ロボットが見つからないと判断した結果、エラーになる可能性もあります。100％でうまく認識できない場合は、精度を数％落とすと安定します。

### 6.精度を調整後、再度＜画像を検索＞をクリックして確認する

候補画像が1箇所となり正しく認識できていれば設定完了です。

**7.完成したスクリプトが登録される**

スクリプトが登録されているか確認します。

| | コマンド | ターゲット画像 | 入力内容 | リトライ |
|---|---|---|---|---|
| 1 | Excel セル指定 | | 列: B<br>行: 4 | |
| 2 | 出現まで繰り返し 開始 Until >> | fx | M 97% | |
| 3 | 文字列のコピー | | 変数名 ★商品個数 | |
| 4 | ウインドウの切り替え | | ウインドウ検索方法: タイトルを含む<br>ウインドウタイトル: テストページ | |
| 5 | 文字列入力 | X:130 Y:1 商品個数 | 入力内容: ★商品個数 | |
| 6 | クリック | 登録 | | |
| 7 | ウインドウの切り替え | | ウインドウ検索方法: タイトルを含む<br>ウインドウタイトル: 管理表 | |
| 8 | キー操作 | | 送信キー: 下 | |
| 9 | 出現まで繰り返し 終了 << End-Until | | | |

確認しよう
つくったスクリプトの動きを確認しましょう。エクセルを最前面にして実行します。

# ❷＜Data（CSVの最後まで繰り返し）＞で設定する

＜Data（CSVの最後まで繰り返し）＞では、繰り返したいCSVファイルのデータを一括で取得できるので、ファイルを開かなくても繰り返し処理ができるようになります。
今回はファイルを開いたり、コピーコマンドを設定をすることなく繰り返し処理を設定しましょう。

 **手作業での操作**

**1.CSVファイルをクリックする**

CSVファイル（ここでは＜管理表.csv＞）をダブルクリックします（❶）。

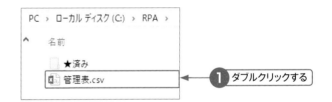

**2.データが表示される**

Webページに入力するデータが表示されます（❶）。

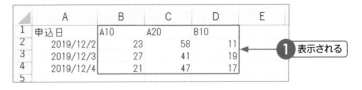

**3.データをWebページに
　入力・登録する**

データをWebページに入力し（❶）、＜登録＞をクリックします（❷）。

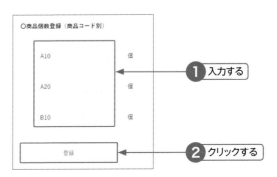

## 1  ＜Data＞を追加し、繰り返し条件を設定する

＜Data＞を追加し、繰り返し条件を設定するスクリプトを、以下の手順でつくります。

**1. ＜フロー＞の＜Data＞を追加する**

＜フロー＞をクリックして（❶）、＜Data＞をクリックします（❷）。＜CSVで繰り返し開始＞と＜CSVで繰り返し終了＞と2行が追加されます（❸）。

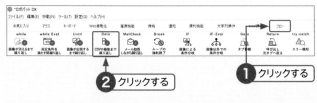

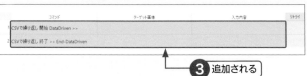

**2. 「コマンドオプション」の設定をする**

「ファイルパス」の＜参照＞をクリックして繰り返し条件を設定したいCSVファイルを指定し（❶）、「区切り文字」は「,（カンマ）」を設定します（❷）。次に、「先頭行を変数名にする」にチェックが付いていることを確認し（❸）、次の手順に進みます。

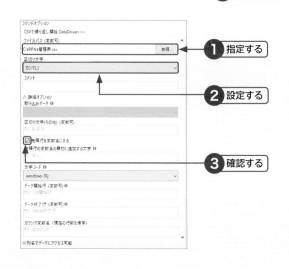

💡 **POINT** CSVファイルデータの一括取得

この設定で、指定したCSVファイルデータの一括取得ができ、データ全体をコピーしたのと同じ状態となります。

---

💬 **補足** 「先頭行を変数名にする」とは

チェックを入れることで、CSVファイルの先頭行の項目名（ここではA10・A20・B10）を変数名として、2行目以降のデータを読み込むことができます。これによって、＜文字列コピー＞で変数名を設定する場合と同じ設定ができます。

| | A | B | C | D | E |
|---|---|---|---|---|---|
| 1 | 申込日 | A10 | A20 | B10 | |
| 2 | 2019/12/2 | 23 | 58 | 11 | |
| 3 | 2019/12/3 | 27 | 41 | 19 | |
| 4 | 2019/12/4 | 21 | 47 | 17 | |
| 5 | | | | | |

先頭行を変数名として利用

## 2 繰り返しのベースとなるスクリプトをつくる

繰り返しのベースとなるスクリプトを、以下の手順でつくります。

### 1. 繰り返しに必要なコマンドを設定する

＜Data＞コマンドでCSVファイルを登録したことで、ファイルを開かずにデータ内容の一括取得ができました。これによりセルを指定したり、各セルデータをコピーしたりする必要がなく、また「入力したいページに切り替える」という操作（＜ウィンドウ切り替え＞）も必要ありません。そのため、作成するスクリプトは「WebページでCSVのセル情報を入力する」というスクリプトのみです。なお、Webページは開いていることが前提となります。

以下の操作を行うよう、該当するそれぞれのコマンドを前手順で追加した＜CSVで繰り返し開始＞と＜CSVで繰り返し終了＞の2行のコマンドの間に追加していきます。

「A10」に入力し（❶）、Tab を押して「A20」に移動して（❷）、「A20」に入力します（❸）。次に、Tab を押して「B10」に移動し（❹）、「B10」に入力します（❺）。次に、Tab を押して＜登録＞に移動し（❻）、＜登録＞を Enter で操作します（❼）。

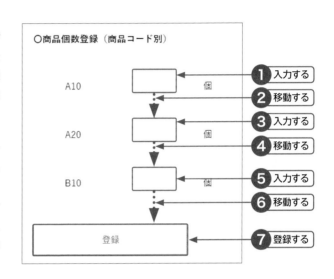

○商品個数登録（商品コード別）

> **⚫補足** 「A10」の入力について
>
> カーソルがあたっていないので、最初の入力欄を指定して入力するために、A10の項目名をキャプチャし、入力欄を座標指定で指定します。それ以降の入力はカーソル移動で指定できるので、Tab で移動させています。

**2.完成したスクリプトが登録される**

スクリプトが登録されているか確認します。

＜Data＞の「コマンドオプション」で、「先頭行を変数名にする」にチェックを付けたため、＜文字列入力＞の入力内容は、CSVデータの先頭行の内容で入力します。この設定で、CSVファイルを開いて1つ1つのセルをコピーしなくてもデータを一括で読み込んで繰り返し処理することができます。

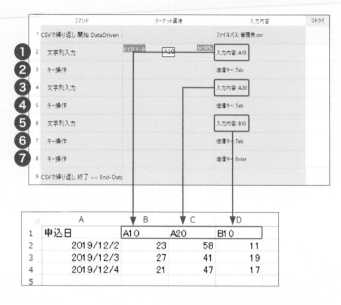

**確認しよう** つくったスクリプトの動きを確認しましょう。CSVは開かず、Webページのみを開いて実行してみましょう。

**エクセルファイルの情報を一括で処理する**

CSVファイルのようにファイルパスの指定ができないので、Webページとエクセルファイルを開いていること前提になりますが、＜Data＞では、エクセルファイルの情報も一括で繰り返し処理することが可能です。

＜Data＞のコマンド登録前には、＜文字列コピー＞や範囲選択を活用して、エクセルデータを変数で取得して、繰り返し処理に備えます。

次に＜Data＞コマンドで繰り返し条件を設定するときには、エクセルデータの取得では右の画像のように、「コマンドオプション」の「区切り文字」に＜タブ＞を設定し（❶）、「取り込みデータ」に取り込むエクセルデータの変数名を入力して（❷）、設定を行います。

最後に、P.123で解説した繰り返しのベースとなるスクリプトを、同じ要領で作成して、エクセルファイルの情報も一括で繰り返し処理できます。

# LESSON 5-2 条件分岐を設定する

私たちの事務作業は、条件によって処理を変えることが多くあります。ロボパットDXでも条件分岐を設定することで「できること」が広がるので、かんたんなものから設定してみましょう。

 **❶条件分岐について確認する**

そもそもロボパットDXにおける条件分岐とは何かを確認してみましょう。人の場合、内容を考えて判断し、Aの場合は○○、Bの場合は△△…と処理を変えていきます。このように条件によって作業のルールが決まっていれば、ロボパットDXもルールに基づいて動くことができます。まずは、人と同じように画像で判断する＜IF（画像による条件分岐）＞でつくり方を試してみましょう。

## かんたんな条件分岐の設定例

まずはかんたんな条件分岐の例から紹介します。エクセルファイルを開いたあと、もし＜編集を有効にする＞が表示されたらクリックしてほしいが、表示がない場合はそのまま次の操作に移ってほしい、という例を考えます。

| | | | 管理表.xlsx ［保護ビュー］- Excel |
|---|---|---|---|
| ファイル | ホーム 挿入 ページレイアウト 数式 データ 校閲 表示 開発 印鑑 | | |
| 保護ビュー 注意―インターネットから入手したファイルは、ウイルスに感染している可能性があります。編集する必要がなければ、保護ビューのままにしておくことをお勧めします。 | | | 編集を有効にする(E) |
| A1 | fx | | |

このような場合は、＜フロー＞の＜IF＞のスクリプトで対応できます。以下のスクリプトの例を見てみましょう。

| | | |
|---|---|---|
| 分岐 開始 If >> | 編集を有効にする(E) | |
| クリック | 編集を有効にする(E) | |
| 分岐 終了 << End-If | | |
| Excel セル指定 | | 列: A<br>行: 1 |

それぞれのコマンドで行われる操作を要約すると、
・＜If＞＝もし＜編集を有効にする＞が表示されたら
・＜クリック＞＝＜編集を有効にする＞をクリックする
・＜End-If＞＝ここまでの作業を実施
といった内容になります。
＜編集を有効にする＞の表示があるかないかの分岐を抜けて「A1のセルを指定する」という操作ができます。

CHAPTER 5 繰り返しや条件分岐でさらに自動化させる

## ■ 条件分岐の基本設定と考え方

次にロボパットDXの条件分岐スクリプトの基本設定と考え方について解説します。

<フロー>をクリックして (❶)、<IF>をクリックします (❷)。

すると4つのコマンドが表示されます。条件分岐を行う場合は<If>~<End-If>の中で条件を設定します。画像による条件分岐なので、「Aの場合は」「Bの場合は」という条件を画像で設定し、それぞれの条件で行いたい操作は、<If><ElseIf><Else>のコマンドの下に続けて追加することになります。

<If>=もしこの画像の条件にあてはまる場合はこのコマンド下の❶に追加する操作を実施。

<ElseIf>=これより前に設定した条件の画像ではなく、別の画像の条件の場合はこのコマンド下の❷に追加する操作を実施。

<Else>=それ以外の場合はこのコマンド下の❸に追加する操作を実施。

<End-If>=ここまでの作業を実施。

4つのコマンドを図に表します。

(1) <If>に設定した画像が…
表示された (Yes) 場合は<If>~<ElseIf> (❶) の間に設定したコマンドを実行し、下記 (2) を無視して下記 (3) へジャンプします。
表示されなかった (No) 場合は (2) へ進みます。

(2) <Else If>に設定した画像が…
表示された (Yes) 場合は<Else If>~<Else> (❷) の間に設定したコマンドを実行し、<End-If>のコマンドまでジャンプします。
表示されなかった (No) 場合は<Else>~<End-If> (❸) の間に設定したコマンドを実行し、<End-If>のコマンドまでジャンプします。

(3) <End-If>条件分岐を終了します。

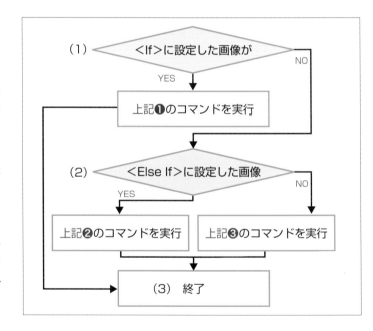

CHAPTER5　繰り返しや条件分岐でさらに自動化させる

 **補足** コマンドの削除

4つのコマンドが追加されますが、条件の数によって＜ElseIf＞＜Else＞が不要な場合は削除して問題ありません。

 **②＜IF＞を設定する**

ここからは、具体的な実例を挙げながら＜IF＞、＜ElseIf＞、＜Else＞による条件分岐の設定をしていきます。まずは＜IF＞の設定から行います。

⌨ **手作業での操作**

**1. 部署名を確認する**

エクセルの部署名を確認します（❶）。

**2. Webページを表示する**

人事総務部、経理部門の場合はWebページを表示し（❷）、手順❸〜❹へ進みます。

**3. ラジオボタンをクリックする**

ラジオボタンをクリックします（❸）。

**4. ＜送信＞をクリックする**

＜送信＞をクリックします（❹）。

**5. 備考欄に「なし」と入力する**

人事総務部と経理部門以外はエクセルの備考欄に「なし」と入力します（❺）。

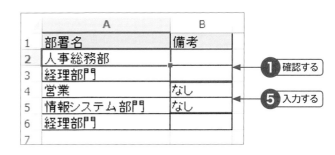

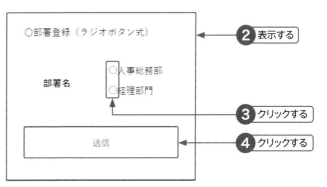

⚙ ロボパット DX での操作

**1** **＜IF＞の条件を設定する**

＜IF＞の条件を設定するスクリプトを、以下の手順でつくります。

**1.＜フロー＞の＜IF＞を追加する**
＜フロー＞をクリックして（❶）、＜IF＞
をクリックします（❷）。

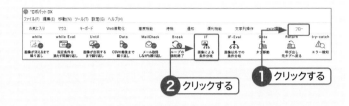

**2.人事総務部のセルを指定し**
**　キャプチャできる状態にする**
「人事総務部」と表示されたセルを指定
します（❶）。

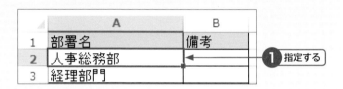

**3.＜If＞の画像をクリックする**
＜クリックで画像を設定できます＞をク
リックします（❶）。

「ターゲットオプション」画面になるの
で、＜四角形＞をクリックして画像の撮
り直しを行い（❷）、＜OK＞をクリック
します（❸）。
撮り直す画像は、セルに表示された「人
事総務部」ではなく、数式バーの「fx」の
横に表示された画像をキャプチャしま
す。

> 💡 **POINT** 「fx」の画像
>
> fxの画像があることでユニークな画像になり、
> またフォントにも影響されない変わらない画像
> となります。エクセルのテキストを画像で撮り
> たいときにはよく使います。

### 4.画像の登録を確認する

画像が設定できたら、＜OK＞をクリックして、画像が登録できたか確認します。画像を見分けるため、「fx」の部分の画像をキャプチャする場合は、精度を100%に近づけて調整します。

## 2 ＜IF＞の条件のときの操作を追加する

＜IF＞の条件のときの操作を追加します。

### 1.スクリプトの操作を確認する

以下の操作を行うよう、該当するスクリプトを追加していきます。
Webページに画面を切り替え（❶）、「人事総務部」にチェックを入れます（❷）。次に＜送信＞をクリックし（❸）、エクセルに画面を切り替えます（❹）。

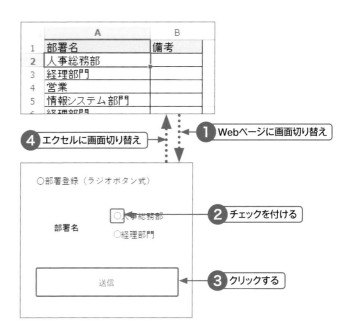

### 2.Webページへの＜ウインドウの切り替え＞を追加する

＜便利機能＞→＜ウィンドウ切り替え＞の順にクリックし、「コマンドオプション」でWebページに切り替わるよう設定します。

### 3.人事総務部のチェックを＜クリック＞で追加する

＜マウス＞→＜クリック＞の順にクリックし、「人事総務部」にチェックを付けるため、「人事総務部」のキャプチャ後に「コマンドオプション」で座標指定を行います。

### 4.送信ボタンの＜クリック＞を追加する

＜マウス＞→＜クリック＞の順にクリックし、＜送信＞をクリックするため、「送信」のキャプチャを行います。

**5.エクセルへの＜ウインドウの切り替え＞を追加する**

＜便利機能＞→＜ウィンドウ切り替え＞の順にクリックし、「コマンドオプション」でエクセルに切り替わるよう設定します。＜IF＞のスクリプト作成は以上です。

 **❸＜ElseIf＞を設定する**

次に＜ElseIf＞の設定を行います。

### 1 ＜ElseIf＞の条件を設定する

＜ElseIf＞の条件を設定するスクリプトを、以下の手順でつくります。基本のつくり方は＜IF＞と同じです。

**1.「経理部門」のセルを指定し、キャプチャできる状態にする**

エクセルを開き、「経理部門」と表示されたセルを指定した状態にして、＜ElseIf＞の画像を設定します。

**2.＜ElseIf＞の画像を設定する**

＜IF＞と同様に「ターゲットオプション」画面で画像の撮り直しを行います（❶）。数式バーのfxの横に表示された画像をキャプチャして、条件画像を設定します。

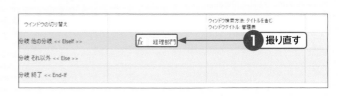

### 2 ＜ElseIf＞の条件のときの操作を追加する

＜ElseIf＞の条件のときの操作を追加するスクリプトを、以下の手順でつくります。

## 1.スクリプトの操作を確認する

以下の操作を行うよう、該当するスクリプトを追加していきます。

Webページに画面を切り替え（①）、「経理部門」にチェックを付けます（②）。次に＜送信＞をクリックし（③）、エクセルに画面を切り替えます（④）。

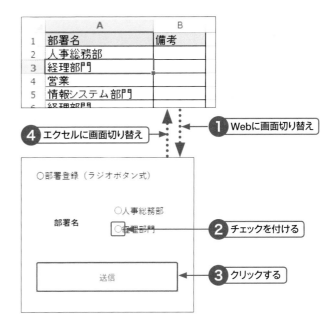

## 2.Webページへの＜ウインドウの切り替え＞を追加する

＜便利機能＞→＜ウィンドウ切り替え＞の順にクリックし、「コマンドオプション」でWebページに切り替わるよう設定します。

## 3.経理部門のチェックを＜クリック＞で追加する

＜マウス＞→＜クリック＞の順にクリックし、「経理部門」にチェックを入れるため、「経理部門」のキャプチャ後に「コマンドオプション」で座標指定を行います。

## 4.送信ボタンの＜クリック＞を追加する

＜マウス＞→＜クリック＞の順にクリックし、＜送信＞をクリックするため、「送信」のキャプチャを行います。

## 5.エクセルへの＜ウインドウの切り替え＞を追加する

＜便利機能＞→＜ウィンドウ切り替え＞の順にクリックし、「コマンドオプション」でエクセルに切り替わるよう設定します。＜ElseIf＞のスクリプト作成は以上です。

**④＜Else＞を設定する**

最後に＜Else＞の設定を行い条件分岐のスクリプトを完成させます。

### 1 ＜Else＞の条件のときの操作を追加する

＜Else＞の条件のときの操作を追加するスクリプトを、以下の手順でつくります。＜Else＞は「営業」「情報システム部門」と複数条件あるように見えても、「それ以外」とまとめてしまうので、画像で条件を設定する必要がありません。「それ以外」の条件の時に行いたい操作を、＜Else＞の下に追加します。

**1. スクリプトの操作を確認する**

以下の操作を行うよう、該当するスクリプトを追加していきます。

右へ移動し（❶）、「なし」と入力して（❷）、左へ移動します（❸）。

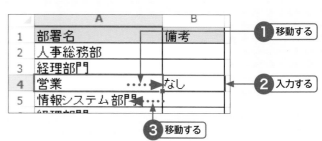

**2.「備考」への移動を＜キー操作＞で追加する**

＜キーボード＞→＜キー操作＞の順にクリックして、「コマンドオプション」で「送信キー」に十字キーの「右」を設定します。

**3.「なし」の入力を＜文字列入力＞で追加する**

＜キーボード＞→＜文字列入力＞の順にクリックして、「コマンドオプション」の「入力内容」に「なし」を設定します。

**4.「部署名」への移動を＜キー操作＞で追加する**

＜キーボード＞→＜キー操作＞の順にクリックして、「コマンドオプション」の「送信キー」に十字キーの「左」を設定します。＜Else＞のスクリプト作成は以上です。

| 分岐 それ以外 ≪ Else ≫ | | | |
|---|---|---|---|
| ❶ キー操作 | | 送信キー: 右 | |
| ❷ 文字列入力 | | 入力内容: なし | |
| ❸ キー操作 | | 送信キー: 左 | |

CHAPTER5 繰り返しや条件分岐でさらに自動化させる

## 2 これまでのスクリプトを確認する

**1. スクリプトを確認する**

＜IF＞、＜ElseIf＞、＜Else＞のスクリプトが登録されているか確認します。

**2. エクセルデータを続けて処理できるようにする**

エクセルデータを続けて処理するには繰り返し処理を設定します。

条件分岐の外にキー操作を追加し（❶）、＜Until＞を追加します（❷）。

以上で、P.127「手作業での操作」で解説した手順の自動化が完成します。

# 繰り返し・条件分岐を
# ロボ視点で設定する

**画像認識が難しい場合には、「ロボ視点」で繰り返し・条件分岐を設定します。**

画像を使わずにロボパットDX独自の機能を使って、繰り返し・条件分岐をする方法を学びます。簡易入力方法を覚えると、画像認識の方法よりも早く、安定したスクリプトを設定することもできます。ぜひチャレンジしましょう。

 **❶＜If-Eval＞＜While-Eval＞を設定する**

画像認識以外の繰り返し・条件分岐の設定方法を確認します。＜If-Eval＞＜While-Eval＞では、「コマンドオプション」の基本設定が共通です。ここでは＜If-Eval＞コマンドを使って説明します。

**🔧 ロボパットDXでの操作**

**1 ＜IF-Eval＞コマンドを登録して条件を設定する**

＜IF-Eval＞や＜While-Eval＞では、繰り返したい、あるいは条件分岐が必要な操作をする事前に「変数」の設定をします。ひとまず＜IF-Eval＞コマンドを登録してから、「変数」で取得した情報を利用して必要な設定をしていきます。

1. ＜IF-Eval＞コマンドを登録する
＜フロー＞をクリックして（❶）、＜IF-Eval＞をクリックします（❷）。コマンドテーブルにスクリプトが登録されるので、条件を設定したい＜分岐開始IfEval＞コマンドをクリックして（❸）、選択します。

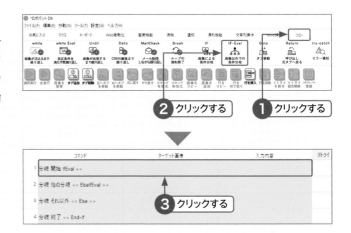

## 2. 条件を設定する

表示される「コマンドオプション」に条件を入力します。

「スクリプト」には3つのタブがあり、<簡易入力（変数と値）>（①）、<簡易入力（変数と変数）>（②）では、プルダウンや記号を選択して、条件の入力ができます。

それぞれの簡易入力では、条件を2つまで設定でき（③）、「1,2の関係」で2つの条件を設定できます（④）。

> **😊 補足** 「1,2の関係」で設定できる条件
>
> 「1,2の関係」では、プルダウンメニューから<両方とも満たす>または<どちらか一つでも満たす>の選択ができます。
> <両方とも満たす>は、条件1・2両方とも満たした場合に処理する対象となります。
> <どちらか一つでも満たす>は、条件1・2のどちらか満たした場合に処理する対象となります。

## ■ <簡易入力（変数と値）>と<簡易入力（変数と変数）>

「コマンドオプション」に表示される<簡易入力（変数と値）>、<簡易入力（変数と変数）>は設定する条件や入力できる変数に違いがあるのでケースによって使い分けましょう。

### <簡易入力（変数と値）>の設定

右は「販売価格が1000以上5000未満の場合」という条件ですが、値を条件にして、コマンドの実行を操作したいときに利用できます。

なお、値は数字・文字に関わらず条件を設定でき、6種類の演算子（=,≠,>,≧,<,≦）を利用して値どうしの大小などを比較できます。

「条件1」「条件2」で、変数をプルダウンで選択します（①）。ここでは、すでに変数を設定した項目がプルダウンで表示されるようになっています。比較記号の欄で演算子を選択して（②）、①の変数と比較させたい値を入力します（③）。

## ＜簡易入力（変数と変数）＞の設定

右は「月額料金＝上限金額の場合」という条件ですが、取得した変数同士を比較しながら、コマンドの実行を操作したいときに利用できます。

すでに変数を設定した項目がプルダウンで表示されるようになっているので、「条件1」「条件2」で、左右の変数をプルダウンで選択します（❶）。

---

**POINT** ＜While-Eval＞の設定・活用方法

＜While-Eval＞も条件の設定方法はIf-Evalと同じです。また、＜While-Eval＞は作業を無限ループさせたい時に使用することが多くあります。その場合には、以下のように条件を何も設定せずにコマンドだけ追加します。

条件を何も設定しない

---

# LESSON 5-4 ファイル名に日付を追加する

ロボパットDXで日付や時刻を設定しましょう。カレンダーの選択やファイルに日付を含めるといった操作が可能です。

## ❶ファイル名に日付を設定する

仕事をする中でカレンダーを選択したり、ファイルに日付を付けたり、日付や時刻を認識しなければならない作業が多くあります。ロボパットDXも、日付を認識して動かすことが可能です。ここでは固定のファイル名に日付をつける例で解説します。

設定内容を確認できるように、先月末の日付を用いて「集計結果yymmdd」というファイル名を作成します。

### 🔧 ロボパットDX での操作

### 1 先月末の日付「yymmdd」を設定する

まず、日付の設定を行います。先月末の日付を設定するスクリプトを、以下の手順でつくります。

1. <文字列操作>の<日時・曜日の取得>を追加する

<文字列操作>をクリックして（❶）、<日時・曜日の取得>をクリックします（❷）。

日時・曜日の取得は、取得したい日時情報になるように、「コマンドオプション」で設定を行います。前後の日付指定以降の設定情報に、変数名をつけます。

今回は、先月末の日付をyymmdd形式で設定するため、「前後の月指定」、「月日は0を含めて2桁で表示」、「アウトプット形式」、「日付の固定」を追加します。

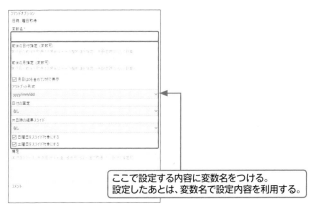

ここで設定する内容に変数名をつける。
設定したあとは、変数名で設定内容を利用する。

## 2. 先月の日付を設定する

ロボパットDXの実行日を基準にして「今日」が「前後の日付（月）指定」に何も設定しない「空白」の状態となります。

先月末なので、前後の月指定で「-1」を入力します（❶）。

> 💡**POINT** 前後の日付を設定する
>
> ＋−の整数と空白で、過去・現在・未来を設定しましょう。

## 3. 日付のアウトプット形式を設定する

スラッシュあり・なしなど日付の形式を設定します。ここでは＜yymmdd＞をクリックして選択します（❶）。

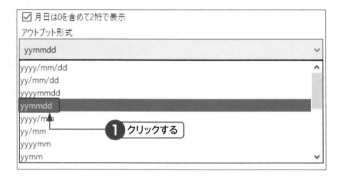

> 💡**POINT** 「月日は0を含めて2桁で表示」を設定する
>
> 1桁の数字を0を含めて2桁で表示したい場合（例：「5」⇒「05」）は、「月日は0を含めて2桁で表示」にチェックを付けます。

## 4. 月末の設定をする

今回は「先月末」なので、日付の固定で＜月末＞をクリックして選択します（❶）。

## 5. 変数を設定する

設定した内容に「★先月末」という変数名を入力します（❶）。

これによって「★先月末」という変数を使えば、ロボパットDXを動かす日時を基準にして、設定した内容で日付や時間の情報を取得することができます。

> **💬 補足** 営業日に準拠する
>
> ロボパットDXでは、取得した日が土日の場合、営業日ベースで日付を取ることも可能です。
> また、土日以外も会社の休日やシフトをもとに日付が取れます。これらは別途、設定が必要です。

コマンドオプション
日時、曜日取得
変数名 *
★先月末 ←　❶ 入力する
前後の日付指定 (変数可)
実行日の前後を取得する場合は＋ーの整数値を指定（未設定時は0として計算）
前後の月指定 (変数可)
-1
☑ 月日は0を含めて2桁で表示
アウトプット形式
yymmdd
日付の固定
月末
休日時の結果スライド
なし
☑ 日曜日をスライド対象にする
☑ 土曜日をスライド対象にする
補足
実行日をベースに未来日付は＋値、過去日付はー値で取得したい日付を指定可

コメント

## 6. 完成したスクリプトが登録される

スクリプトが登録されているか確認します。

| コマンド | ターゲット画像 | 入力内容 | リトライ |
|---|---|---|---|
| 1 日時、曜日取得 | | 変数名：★先月末<br>前後の月指定：-1 | |

---

**確認しよう** つくったスクリプトの動きを確認しましょう。

選択実行　全実行　画像を検索　タブ追加　タブ削除　左へタブを移動　右へタブを移動　元に戻す

「日時曜日の取得」だけ選択して選択実行ボタンを押すと画面変化は起こりませんが、裏側で設定を行ってくれます。ログの情報を見ると、正しく設定されているかがわかります。

表示内容を見て正しいか確認してみましょう。

```
ログ  構文エラー

コマンド実行 >>
[設定情報] マウスの移動過程を表示する:オン、移動速度:5、NumLockをオフにしてから実行する:オン、1操作ごとの待機時間(秒):0.3、検索タイムアウト(秒):30、限定の精度(%):80
============= 構文チェック結果 =============
問題なし
2020/01/30 13:36:25.918 | (未保存) | main | 1行目 | 日時、曜日取得 | コマンドオプション('ver2', '', '-1', true, 'yymmdd', '月末', 'なし', true, true, '')
[結果] 191231
```

## 2 固定のファイル名と日付を結合する

設定した先月末の日付を使って「集計結果yymmdd」というファイル名をつくるスクリプトを、以下の手順でつくります。

**1.＜文字列操作＞の＜文字列を結合＞を追加する**

＜文字列操作＞をクリックして（❶）、＜文字列を結合＞をクリックします（❷）。

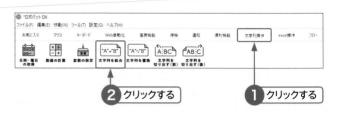

「文字列1」～「文字列5」のそれぞれの枠に結合したい内容を入力し、変数名を付けていきます。設定後は変数名で利用します。

ここで設定する内容に変数名をつける。
設定したあとは、変数名で設定内容を利用する。

**2.先月末の日付の設定をする**

今回は固定のファイル名「集計結果」と毎回変動する「日付」を1つのファイル名として生成します。ファイル名の順番通り、「文字列1」に「集計結果」と入力し（❶）、「文字列2」に日時・曜日の取得コマンドの日付で設定した変数名「★先月末」と入力します（❷）。

## 3.変数を設定する

変数名に「★ファイル名」と入力します
(❶)。

## 4.完成したスクリプトが登録される

スクリプトが登録されているか確認します。

| | コマンド | ターゲット画像 | 入力内容 | リトライ |
|---|---|---|---|---|
| 1 | 日時, 曜日取得 | | 変数名:★先月末<br>前後の月指定:-1 | |
| 2 | 文字列を結合 | | 変数名:★ファイル名<br>文字列1: 集計結果 | |

---

| 確認<br>しよう | つくったスクリプトの動きを確認しましょう。 |  |
|---|---|---|

実行すると画面変化は起こりませんが、裏側で設定を行うので、ログにファイル名が設定通り表示されているかを確認します。「日時・曜日の取得」と「文字列の結合」だけでは、「集計結果yymmdd」という設定をロボパットDXが読み込むだけで、アウトプットはできていません。

文字列結合で変数名として設定したファイル名は、以下のように＜文字列入力＞コマンドなどを使うことでアウトプットできます。

**5**

繰り返しや条件分岐でさらに自動化させる

CHAPTER

# 6

# エラーに対処する

# エラーを回避・検知する

ロボパットDXには、操作を確実に行ってエラーを回避する＜リトライ＞機能や、エラーが起きたときの処理を設定できる＜エラー検知＞機能があります。

## ❶＜リトライ＞機能でエラーを回避する

＜リトライ＞は、設定した条件を満たすまで、処理を繰り返し行うことができます。たとえば、Webページ上で表示されたボタンをクリックしても反応がないとき、画面遷移するまで手作業によって繰り返しボタンをクリックするような操作を＜リトライ＞で設定できます。＜リトライ＞を設定することで、処理を確実に成功させる（エラーを回避する）、あるいは、エラーになったときに、エラー用の処理を行うといった活用ができます。

### 🔧 ロボパットDXでの操作

### 1 ＜リトライ＞パネルから設定する

「コマンドテーブル」の右側にある白い欄が＜リトライ＞パネルです。

**1.＜リトライ＞パネルをクリックする**
＜リトライ＞パネルをクリックします（❶）。

> 💬 補足　＜リトライ＞機能を使用できない場合
> ＜リトライ＞の列の欄がグレーになっている場合は、「リトライ条件」を設定できません。

**2.「リトライ条件」を選択する**
＜条件を選択＞をクリックし（❶）、プルダウンに表示される「リトライ条件」から1つ（ここでは＜指定画像が出現しなかった場合＞）をクリックして選択し（❷）、条件を設定します。

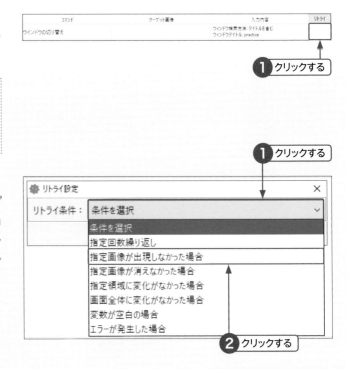

## 3. 「リトライ設定」が表示される

共通設定の「最大リトライ回数」「リトライ待ち時間」と各「リトライ条件」ごとの設定が表示されます。
「リトライ条件」ごとの設定は共通設定の下に表示されるので、それぞれの条件にあわせて設定します。
「最大リトライ回数」右の矢印をクリックして設定し（❶）、「リトライ待ち時間」右の矢印をクリックして（❷）、「リトライ条件」を設定します。

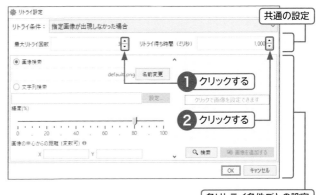

| 最大リトライ回数 | 設定した回数だけコマンドのリトライを繰り返します。設定した回数のリトライを行っても条件をクリアできなかった場合、エラーが表示されます。 |
|---|---|
| リトライ待ち時間（ミリ秒） | リトライするまでの猶予時間です。指定した時間（ミリ秒）の間に「リトライ条件」をチェックして、再度＜リトライ＞が必要かどうかを判定します。時間内に条件をクリアできなかった場合に＜リトライ＞を実行します。 |

設定した条件に応じて、＜リトライ＞パネルに以下のアイコンが表示されます。

### 指定回数繰り返し

「最大リトライ回数」で指定した回数、繰り返し実行します。同じコマンドを続けて利用したいときに使います。

### 指定画像が出現しなかった場合

操作の結果、指定した検索対象画像が現れなかった場合に＜リトライ＞を実行する、もっとも基本的な設定です。

### 指定画像が消えなかった場合

操作の結果、指定した検索対象画像が消えなかった場合に＜リトライ＞を実行します。

### ターゲットから相対指定した領域に変化がなかった場合

ターゲットからの相対位置で指定した領域が操作の前後で変化しなかった場合に＜リトライ＞を実行します。ターゲット画像を利用するコマンドでのみ表示されます。

### 指定領域に変化がなかった場合

絶対位置で領域を指定し、指定した領域が操作の前後で変化しなかった場合に＜リトライ＞を実行します。

### 画面全体に変化がなかった場合

画面全体が操作の前後で変化しなかった場合に＜リトライ＞を実行します。

### 変数が空白の場合

処理後に指定の変数内の値が空白の場合に再度処理を繰り返します。

### エラーが発生した場合

エラーが発生した場合に指定タブに移動し、エラー処理を行います。また「最大リトライ回数」を設定することで、エラー発生時の回避処理のあとに、再度エラーが発生した場合の処理を行うことも可能です。

CHAPTER6 エラーに対処する

##  ❷＜エラー検知＞機能でエラーを検知する

＜エラー検知＞は、コマンドやスクリプト実行中にエラーが発生した場合に特別な処理を設定できるコマンドです。＜リトライ＞でも「エラーが発生した場合」の処理ができますが、＜リトライ＞はコマンドごとの小さい単位で、＜エラー検知＞はスクリプト全体などの大きな単位で設定すると使いやすいでしょう。

### 🔧 ロボパットDXでの操作

### 1 ＜エラー検知＞を追加してスクリプトを設定する

＜エラー検知＞を利用するために、スクリプトを設定していきます。

1.＜エラー検知＞を追加する
＜フロー＞をクリックして（❶）、＜エラー検知＞をクリックします（❷）。

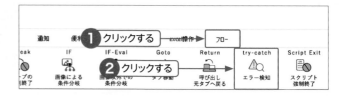

## 2.スクリプトが追加される

「コマンドテーブル」に、＜ Try ＞
＜ Catch ＞＜ Finally ＞＜ End-Try ＞と
いう4つのスクリプトが追加されます。

| コマンド | ターゲット画像 | 入力内容 | リトライ |
|---|---|---|---|
| エラー処理 監視開始 Try >> | | | |
| エラー処理 エラー発生時 << Catch >> | | | |
| エラー処理 最後の処理 << Finally >> | | | |
| エラー処理 終了 << End-Try | | | |

## 3.スクリプトを設定する

次の設定例を基に解説します。＜ Try ＞
と＜ Catch ＞との間に、エラーを検知し
たいスクリプトを設定します。このスク
リプトは、システムを開いてCSVファ
イルの受注番号を入力し、登録していく
操作です。

| コマンド | ターゲット画像 | 入力内容 |
|---|---|---|
| エラー処理 監視開始 Try >> | | |
| ダブルクリック | | |
| CSVで繰り返し 開始 DataDriven >> | | ファイルパス: 受注伝票入力リスト.csv |
| 文字列入力 | X:64 Y:0　受注番号 | 入力内容: 受主番号 |
| クリック | 登録 | |
| キー操作 | | 送信キー: Y |
| キー操作 | | 送信キー: Enter |
| CSVで繰り返し 終了 << End-DataDrive | | |
| エラー処理 エラー発生時 << Catch >> | | |

＜ Try ＞と＜ Catch ＞の間のスクリプト
にエラーが発生した場合に備えて、
＜ Catch ＞と＜ End-Try ＞の間に＜メー
ル送信＞というコマンドを追加します。
スクリプト実行中にどこかでエラーが発
生したら、「エラーをチェックしてくだ
さい」というメールを担当者に送るとい
う設定です。＜ Finally ＞と＜ End-Try ＞
の間に追加するスクリプトは、エラーが
発生してもしなくても必ず実行されま
す。

| コマンド | | |
|---|---|---|
| エラー処理 エラー発生時 << Catch >> | | |
| メール送信 | | To:担当者 ・ メに「エラーをチェックしてください」とメール |
| エラー処理 最後の処理 << Finally >> | | |
| エラー処理 終了 << End-Try | | |

# 書籍購入者特典
# RPAロボパットDX　無料体験

このたびは、本書籍をお買い上げいただきありがとうございます。

ロボパットDXは、通常法人様向けに展開しているサービスですが、本書ご購入の皆様には、特別にお試しいただけるライセンスを提供させていただきます。

1か月間、無料でロボパットDXをご利用いただけますので、ぜひ実際に触ってお確かめください。

本特典では、書籍に記載の内容を含む、すべての機能をご利用いただくことができます。

 ## お申し込み方法

**1** 以下のURL（または二次元バーコード）より、書籍購入者限定トライアルの申し込みフォームへアクセスしてください。

https://fce-pat.
co.jp/book/gt

**2** フォームの各項目へご入力いただき、フォームの一番下にある＜確認＞をクリックしてください。

### 注意点

・メールアドレス欄について、原則フリーメールでのご登録はお受けしておりません。トライアルをお申し込みいただく場合は、法人ドメインにてご登録ください。

・おひとり様につき、1回のトライアルとなります。複数回のお申し込みをいただいた場合はお断りすることもありますので、あらかじめご了承ください。

**3** お申し込み完了後、5営業日以内にインストーラとライセンスのご案内が届きます。メールの本文をご確認いただき、ご利用のパソコンにインストールしてください。

書籍特典に関するお問い合わせや、ライセンスが届かないといったトラブルについては、以下までお問い合わせください。

RPA ロボパット DX　書籍特典窓口：book_tokuten@fce-pat.co.jp

 ## 法人として導入を検討されている方へ

本特典とは別に、法人様名義でも「ロボパットDX　無料トライアル」をお試しいただくことができます。ホームページ（https://fce-pat.co.jp）のお問い合わせフォームよりご相談ください。ホームページからは、RPAの導入検討にご活用いただけるさまざまな便利資料もダウンロード可能です。また、法人様名義でご検討をいただく際には、以下のような充実した作成サポートをすべて無料でご活用いただけます。

### ロボパットDX ヘルプデスク

さまざまなノウハウやサンプルが掲載されたヘルプサイトを利用可能です。サイト上から、個社ごとのロボ作成相談やお悩みを直接ご質問いただくこともでき、原則翌営業日中までにご回答いたします。

### ロボ作成トレーニング・研修

「リアル／オンライン」「集合型／個社別」など、さまざまな形態のトレーニングプログラムをご提供しています。

・個社別導入勉強会
・オンライン勉強会
・ロボパットDXマスター認定
　プログラム　　　　　　　　など

### 動画チャンネル

ロボの作り方やコツ、便利な機能などを、動画でご覧いただけます。

### Web家庭教師

Web会議システムを使って、画面を見ながら直接ロボを作成したり、うまくいかない点の相談をしたりすることが可能です。

### スタートダッシュサポート

特に本格導入直後のタイミングで、訪問またはWeb会議システムを通じてロボ化をサポートします。

### 業務診断&お披露目会サポート

おもにトライアル中のお客様向けに「ロボ化の優先順位付け」を行う業務診断を実施したり、社内向けの「お披露目会」をサポートしたりします。

# コマンドリスト

ここでは、ロボパットDXの基本的なコマンドの名称と動作概要をリスト形式で紹介します。

| アイコン | コマンド名 | 動作概要 |
|---|---|---|
| マウス | | |
| クリック | クリック | 対象をクリックします |
| ダブルクリック | ダブルクリック | 対象をダブルクリックします |
| 右クリック | 右クリック | 対象を右クリックします |
| ポインター移動 | ポインター移動 | マウスポインターを移動します |
| 上スクロール | 上スクロール | マウスホイールを上に回します |
| 下スクロール | 下スクロール | マウスホイールを下に回します |
| 画像から画像へD&D | 画像から画像へD&D | 最初の位置をクリックしたまま、次の画像位置までドラッグ＆ドロップします |
| 画像から指定位置へD&D | 画像から指定位置へD&D | 最初の位置をクリックしたまま、次の指定位置までドラッグ＆ドロップします |
| キーボード | | |
| 文字列入力 | 文字列入力 | 画面クリック後、指定文字を貼り付けます |
| タイピング入力 | タイピング入力 | 画面クリック後、キーボードをタイピングします |
| パスワード非表示入力 | パスワード非表示入力 | キーボードをタイピングします（入力内容は記録されません） |
| 文字列コピー | 文字列コピー | 文字列をコピーし、変数に格納します |
| キー操作 | キー操作 | キー操作全般を設定します |

**150**

| アイコン | コマンド名 | 動作概要 |
|---|---|---|
| **Web自動化** | | |
| Chromeで記録 | **Chromeで記録** | Chromeを使ってWeb自動化を行います |
| IEで記録 | **IEで記録** | IEを使ってWeb自動化を行います |
| Web画面キャプチャ | **Web画面キャプチャ** | Web画面のキャプチャを取得し、指定フォルダに保存します |
| Webタブ切り替え | **Webタブ切り替え** | Webページのタブを切り替えます |
| Webプログラミング | **Webプログラミング** | Web上でJavaScriptを直接実行します |
| **高度機能** | | |
| アプリ起動 | **アプリ起動** | ほかのアプリケーションを起動します |
| スクリプト読み出し | **スクリプト読み出し** | スクリプト（bwnpファイル）を読み込み実行します |
| スクロールして画像を探す | **スクロールして画像を探す** | スクロールバーを操作しながら対象を検索します |
| 検索範囲指定 | **検索範囲指定** | 画面の検索範囲を設定します |
| 英数文字読み取り | **英数文字読み取り** | 文字属性情報を読み取ります（数字と一部の記号のみ） |
| 指定範囲をキャプチャ | **指定範囲をキャプチャ** | 指定範囲のスクリーンショットを指定フォルダに保存します |
| JSを直接記述し実行 | **JSを直接記述し実行** | JavaScriptを実行します |
| **待機** | | |
| 待機 | **待機** | 指定時間、処理を停止します |
| 画像出現まで待機 | **画像出現まで待機** | 対象が現れるまで処理を停止します |
| 画像が消えるまで待機 | **画像が消えるまで待機** | 対象が消えるまで処理を停止します |

| アイコン | コマンド名 | 動作概要 |
|---|---|---|
| 部分変化<br>まで待機 | 部分変化まで待機 | 画面が指定%変化するまで処理を停止します |
| 変化完了<br>まで待機 | 変化完了まで待機 | 画面が変化しなくなるまで処理を停止します |
| 通知 | | |
| アラート | アラート | メッセージを表示し、「OK」をクリックするまで処理を停止します |
| エラー | エラー | エラーメッセージを表示して処理を終了します |
| コメント | コメント | スクリプト内にコメントを残します |
| 設定アカウント<br>でメール送信 | 設定アカウントでメール送信 | 指定の宛先にメールを送信します |
| 便利機能 | | |
| ウインドウ<br>切り替え | ウインドウ切り替え | 指定アプリケーションを最前面に表示します |
| フォルダを<br>開く | フォルダを開く | 指定されたフォルダパスをエクスプローラで直接開きます |
| ファイルや<br>フォルダの操作 | ファイルやフォルダの操作 | ファイルやフォルダの移動とコピーを行います |
| フォルダ内の<br>データ確認 | フォルダ内のデータ確認 | 指定したフォルダ内のファイルの有無を調べます |
| フォルダ内の<br>ファイルパス取得 | フォルダ内の<br>ファイルパス取得 | 指定されたフォルダの中で、条件に一致するデータのパスを取得します |
| フォルダ内の<br>ファイルリスト取得 | フォルダ内の<br>ファイルリスト取得 | 指定されたフォルダの中で、条件に一致するデータのリストを取得します |
| 押キーの<br>繰返し | 押キーの繰返し | 指定したキーを繰り返し入力します |
| 押キー(複数)<br>の繰返し | 押キー(複数)の繰返し | 指定したキーの組み合わせを繰り返し入力します |
| 文字列操作 | | |
| 日時・曜日<br>の取得 | 日時、曜日の取得 | 実行時の日時情報や曜日情報を取得します |

| アイコン | コマンド名 | 動作概要 |
|---|---|---|
| 数値の計算 | 数値の計算 | 四則演算や小数点の計算を行います |
| 変数の設定 | 変数の設定 | 変数の設定を行います |
| "A"+"B" 文字列を結合 | 文字列を結合 | 複数の文字列を結合します |
| "A"⇆"B" 文字列を置換 | 文字列を置換 | 文字列の中で、指定の文字を置換します |
| A:BC 文字列を切り出す（前） | 文字列を切り出す（前） | 文字列の左端から指定文字を検索し、その文字より前を切り出します |
| AB:C 文字列を切り出す（後） | 文字列を切り出す（後） | 文字列の左端から指定文字を検索し、その文字より後ろを切り出します |
| excel操作 | | |
| エクセルを開く | エクセルを開く | Excelファイルを開きます |
| エクセルを閉じる | エクセルを閉じる | 指定したエクセルファイルを指定の条件で閉じます |
| セルの移動 | セルの移動 | 指定されたエクセルファイルのアクティブシートで、指定されたセルへ移動します |
| シートの移動 | シートの移動 | 指定されたエクセルファイルのアクティブシートから、指定されたシートへ移動します |
| シートとセルの移動 | シートとセルの移動 | 指定されたエクセルファイルで、移動先セルを指定してシートを移動します |
| 範囲の選択 | 範囲の選択 | エクセルの指定セル範囲を選択します |
| あ 文字列入力 | 文字列入力 | 指定したエクセルのセルに値を入力します |
| あ 文字列コピー | 文字列コピー | 指定したエクセルのセルに値をコピーし、変数に格納します |
| 文字列を検索 | 文字列を検索 | 表示されているシート内で指定文字列を検索します |
| オートフィルタを設置する | オートフィルタを設置する | 指定されたエクセルファイルのアクティブシートで、指定条件に合わせてオートフィルタを設定します |

| アイコン | コマンド名 | 動作概要 |
|---|---|---|
| オートフィルタを解除する | オートフィルタを解除する | 指定されたエクセルファイルのアクティブシートで、設定されているオートフィルタを解除します |
| フロー | | |
| while<br>画像が消えるまで繰り返し | 画像が消えるまで繰り返し | 対象が存在している間、処理を繰り返します |
| while Eval<br>指定条件を満たす間繰り返し | 指定条件を満たす間繰り返し | 条件を満たす間、処理を繰り返します |
| Until<br>画像が出現するまで繰り返し | 画像が出現するまで<br>繰り返し | 対象が出現するまでの間、処理を繰り返します |
| Data<br>CSVの最後まで繰り返し | CSVの最後まで繰り返し | CSVなどのテキストファイルに対して、行ごとに処理を繰り返します |
| MailCheck<br>メール取得しながら繰り返し | メール取得しながら繰り返し | メールサーバーからメールの内容を読み取りながら処理を繰り返します |
| Break<br>ループの強制終了 | ループの強制終了 | 繰り返し処理から抜け出します |
| IF<br>画像による条件分岐 | 画像による条件分岐 | 対象が表示されているかによって処理を分岐します |
| IF-Eval<br>画像以外での条件分岐 | 画像以外での条件分岐 | 設定条件によって処理を分岐します |
| Goto<br>→<br>タブ移動 | タブ移動 | 実行中のスクリプトから任意のタブへ移動します |
| Return<br>呼び出し元タブへ戻る | 呼び出し元タブへ戻る | 実行中のスクリプトを終了し、移動元のスクリプトに戻ります |
| try-catch<br>エラー検知 | エラー検知 | スクリプト実行中のエラーに対して処理を実行します |
| Script Exit<br>スクリプト強制終了 | スクリプト強制終了 | 処理中のスクリプトをエラーなしで終了します |

# 索引

## ■ お問い合わせについて

本書に関するご質問については、本書に記載されている内容に関するもののみとさせていただきます。本書の内容と関係のないご質問につきましては、一切お答えできませんので、あらかじめご了承ください。また、電話でのご質問は受け付けておりませんので、必ずFAXか書面にて下記までお送りください。
なお、ご質問の際には、必ず以下の項目を明記していただきますよう、お願いいたします。

1　お名前
2　返信先の住所またはFAX番号
3　書名（今すぐ使えるかんたん RPAロボパットDX）
4　本書の該当ページ
5　ご使用のOSとソフトウェアのバージョン
6　ご質問内容

お送りいただいたご質問には、できる限り迅速にお答えできるよう努力いたしておりますが、場合によってはお答えするまでに時間がかかることがあります。また、回答の期日をご指定なさっても、ご希望にお応えできるとは限りません。あらかじめご了承くださいますよう、お願いいたします。

## ■ 問い合わせ先

〒162-0846
東京都新宿区市谷左内町21-13
株式会社技術評論社　クロスメディア事業室
「今すぐ使えるかんたん RPAロボパットDX」質問係
FAX番号　03-3267-2269

URL：https://book.gihyo.jp/116

## ■ お問い合わせの例

### FAX

1　お名前
　技術　太郎
2　返信先の住所またはFAX番号
　03-XXXX-XXXX
3　書名
　今すぐ使えるかんたん
　RPAロボパットDX
4　本書の該当ページ
　88ページ
5　ご使用のOSとソフトウェアのバージョン
　Windows 10
6　ご質問内容
　手順2の画面が表示されない

※ご質問の際に記載いただきました個人情報は、回答後速やかに破棄させていただきます。

## 今すぐ使えるかんたん
## RPAロボパットDX
2020年10月22日　初版　第1刷発行

著　者●株式会社FCEプロセス＆テクノロジー
プロローグ原稿提供●有限会社オングス
発行者●片岡　巌
発行所●株式会社　技術評論社
　　　　東京都新宿区市谷左内町21-13
　　　　電話　03-3513-6150　販売促進部
　　　　　　　03-3513-6187　クロスメディア事業室
編集●リンクアップ
装丁●リンクアップ
本文デザイン・DTP●リンクアップ
製本／印刷●大日本印刷株式会社

定価はカバーに表示してあります。

落丁・乱丁がございましたら、弊社販売促進部までお送りください。交換いたします。
本書の一部または全部を著作権法の定める範囲を超え、無断で複写、複製、転載、テープ化、ファイルに落とすことを禁じます。

©2020　株式会社FCEプロセス＆テクノロジー

ISBN978-4-297-11675-0 C3055
Printed in Japan